사고력도 탄탄! 창의력도 탄탄!
수학 일등의 지름길 「기탄사고력수학」

♛ 단계별·능력별 프로그램식 학습지입니다

유아부터 초등학교 6학년까지 각 단계별로 4~6권씩 총 52권으로 구성되었으며, 처음 시작할 때 나이와 학년에 관계없이 능력별 수준에 맞추어 학습하는 프로그램식 학습지입니다.

♛ 사고력·창의력을 키워 주는 수학 학습지입니다

다양한 사고 단계를 거쳐 문제 해결력을 높여 주며, 개념과 원리를 이해하도록 하여 수학적 사고력을 키워 줍니다. 또 수학적 사고를 바탕으로 스스로 생각하고 깨닫는 창의력을 키워 줍니다.

♛ 유아 과정은 물론 초등학교 수학의 전 영역을 골고루 학습합니다

운필력, 공간 지각력, 수 개념 등 유아 과정부터 시작하여, 초등학교 과정인 수와 연산, 도형 등 수학의 전 영역을 골고루 다루어, 자녀들의 수학적 사고의 폭을 넓히는 데 큰 도움을 줍니다.

♛ 학습 지도 가이드와 다양한 학습 성취도 평가 자료를 수록했습니다

매주, 매달, 매 단계마다 학습 목표에 따른 지도 내용과 지도 요점, 완벽한 해설을 제공하여 학부모님께서 쉽게 지도하실 수 있습니다. 창의력 문제와 수학 경시 대회 예상 문제를 단계별로 수록, 수학 실력을 완성시켜 줍니다.

♛ 과학적 학습 분량으로 공부하는 습관이 몸에 배입니다

하루 10~20분 정도의 과학적 학습량으로 공부에 싫증을 느끼지 않게 하고, 학습에 자신감을 가지도록 하였습니다. 매일 일정 시간 꾸준하게 공부하도록 하면, 시키지 않아도 공부하는 습관이 몸에 배게 됩니다.

「기탄사고력수학」은 체계적이고 장기적인 프로그램으로 꾸준히 학습하면 반드시 성적으로 보답합니다

✿ 스몰 스텝(Small Step)방식으로 꾸준히 학습하면 성적이 올라갑니다

「기탄사고력수학」은 단순히 문제만 나열한 문제집이 아닙니다. 체계적이고 장기적인 학습프로그램을 통해 수학적 사고력과 창의력을 완성시켜 주는 스몰 스텝(Small Step)방식으로 꾸준히 학습하면 반드시 성적이 올라갑니다.

✿ 하루 3장, 10~20분씩 규칙적으로 학습하게 하세요

매일 일정 시간에 일정한 학습량을 꾸준히 재미있게 해야만 학습효과를 높일 수 있습니다. 주별로 분철하기 쉽게 제본되어 있으니, 교재를 구입하시면 먼저 분철하여 일주일 학습 분량만 자녀들에게 나누어 주세요. 그래야만 아이들이 학습 성취감과 자신감을 가질 수 있습니다.

✿ 자녀들의 수준에 알맞은 교재를 선택하세요

〈기탄사고력수학〉은 유아에서 초등학교 6학년까지, 나이와 학년에 관계없이 학습 난이도별로 자신의 능력에 맞는 단계를 선택하여 시작하는 능력별 교재입니다. 그러나 자녀의 수준보다 1~2단계 낮춘 교재부터 시작하면 학습에 더욱 자신감을 갖게 되어 효과적입니다.

교재 구분	교재 구성	대 상
A단계 교재	1, 2, 3, 4집	4세 ~ 5세 아동
B단계 교재	1, 2, 3, 4집	5세 ~ 6세 아동
C단계 교재	1, 2, 3, 4집	6세 ~ 7세 아동
D단계 교재	1, 2, 3, 4집	7세 ~ 초등학교 1학년
E단계 교재	1, 2, 3, 4, 5, 6집	초등학교 1학년
F단계 교재	1, 2, 3, 4, 5, 6집	초등학교 2학년
G단계 교재	1, 2, 3, 4, 5, 6집	초등학교 3학년
H단계 교재	1, 2, 3, 4, 5, 6집	초등학교 4학년
I 단계 교재	1, 2, 3, 4, 5, 6집	초등학교 5학년
J단계 교재	1, 2, 3, 4, 5, 6집	초등학교 6학년

How?

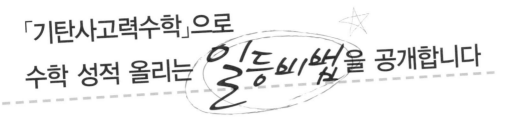

「기탄사고력수학」으로
수학 성적 올리는 일등비법을 공개합니다

✳ 문제를 먼저 풀어 주지 마세요

기탄사고력수학은 직관(전체 감지)을 논리(이론과 구체 연결)로 발전시켜 답을 구하도록 구성되었습니다. 쉽게 문제를 풀지 못하더라도 노력하는 과정에서 더 많은 것을 얻을 수 있으니, 약간의 힌트 외에는 자녀가 스스로 끝까지 문제를 풀어 나갈 수 있도록 격려해 주세요.

✳ 교재는 이렇게 활용하세요

먼저 자녀들의 능력에 맞는 교재를 선택하세요. 그리고 일주일 분량씩 분철하여 매일 3장씩 풀 수 있도록 해 주세요. 한꺼번에 많은 양의 교재를 주시면 어린이가 부담을 느껴서 학습을 미루거나 포기하기 쉽습니다. 적당한 양을 매일 매일 학습하도록 하여 수학 공부하는 재미를 느낄 수 있도록 해 주세요.

✳ 교재 학습 과정을 꼭 지켜 주세요

한 주 학습이 끝날 때마다 창의력 문제와 경시 대회 예상 문제를 꼭 풀고 넘어가도록 해 주시고, 한 권(한 달 과정)이 끝나면 성취도 테스트와 종료 테스트를 통해 스스로 실력을 가늠해 볼 수 있도록 도와 주세요. 문제를 다 풀면 반드시 해답지를 이용하여 정확하게 채점해 주시고, 틀린 문제를 체크해 놓았다가 다음에는 확실히 풀 수 있도록 지도해 주세요.

✳ 자녀의 학습 관리를 게을리 하지 마세요

수학적 사고는 하루 아침에 생겨나는 것이 아닙니다. 날마다 꾸준히 규칙적으로 학습해 나갈 때에만 비로소 수학적 사고의 기틀이 마련되는 것입니다. 교육은 사랑입니다. 자녀가 학습한 부분을 어머니께서 꼭 확인하시면서 사랑으로 돌봐 주세요. 부모님의 관심 속에서 자란 아이들만이 성적 향상은 물론 이 사회에서 꼭 필요한 인격체로 성장해 나갈 수 있다는 것도 잊지 마세요.

단계 교재

A - ❶ 교재	A - ❷ 교재
나와 가족에 대하여 알기 바른 행동 알기 다양한 선 그리기 다양한 사물 색칠하기 ○△□ 알기 똑같은 것 찾기 빠진 것 찾기 종류가 같은 것과 다른 것 찾기 관찰력, 논리력, 사고력 키우기	필요한 물건 찾기 관계 있는 것 찾기 다양한 기준에 따라 분류하기 (종류, 용도, 모양, 색깔, 재질, 계절, 성질 등) 두 가지 기준에 따라 분류하기 다섯까지 세기 변별력 키우기 미로 통과하기
A - ❸ 교재	**A - ❹ 교재**
다양한 기준으로 비교하기 (길이, 높이, 양, 무게, 크기, 두께, 넓이, 속도, 깊이 등) 시간의 순서 비교하기 반대 개념 알기 3까지의 숫자 배우기 그림 퍼즐 맞추기 미로 통과하기	최상급 개념 알기 다양한 기준으로 순서 짓기 (크기, 시간, 길이, 두께 등) 네 가지 이상 비교하기 이중 서열 알기 ABAB, ABCABC의 규칙성 알기 다양한 규칙 이해하기 부분과 전체 알기 5까지의 숫자 배우기 일대일 대응, 일대다 대응 알기 미로 통과하기

단계 교재

B - ❶ 교재	B - ❷ 교재
열까지 세기 9까지의 숫자 배우기 사물의 기본 모양 알기 모양 구성하기 모양 나누기와 합치기 같은 모양, 짝이 되는 모양 찾기 위치 개념 알기 (위, 아래, 앞, 뒤) 위치 파악하기	9까지의 수량, 수 단어, 숫자 연결하기 구체물을 이용한 수 익히기 반구체물을 이용한 수 익히기 위치 개념 알기 (안, 밖, 왼쪽, 가운데, 오른쪽) 다양한 위치 개념 알기 시간 개념 알기 (낮, 밤) 구체물을 이용한 수와 양의 개념 알기 (같다, 많다, 적다)
B - ❸ 교재	**B - ❹ 교재**
순서대로 숫자 쓰기 거꾸로 숫자 쓰기 1 큰 수와 2 큰 수 알기 1 작은 수와 2 작은 수 알기 반구체물을 이용한 수와 양의 개념 알기 보존 개념 익히기 여러 가지 단위 배우기	순서수 알기 사물의 입체 모양 알기 입체 모양 나누기 두 수의 크기 비교하기 여러 수의 크기 비교하기 0의 개념 알기 0부터 9까지의 수 익히기

C – ❶ 교재	C – ❷ 교재
구체물을 통한 수 가르기 반구체물을 통한 수 가르기 숫자를 도입한 수 가르기 구체물을 통한 수 모으기 반구체물을 통한 수 모으기 숫자를 도입한 수 모으기	수 가르기와 모으기 여러 가지 방법으로 수 가르기 수 모으고 다시 수 가르기 수 가르고 다시 수 모으기 더해 보기 세로로 더해 보기 빼 보기 세로로 빼 보기 더해 보기와 빼 보기 바꾸어서 셈하기

C – ❸ 교재		C – ❹ 교재
길이 측정하기 넓이 측정하기 둘레 측정하기 부피 측정하기 활동 시간 알아보기 여러 가지 측정하기	높이 측정하기 크기 측정하기 무게 측정하기 들이 측정하기 시간의 순서 알아보기	열 개 열 개 만들어 보기 열 개 묶어 보기 자리 알아보기 수 '10' 알아보기 10의 크기 알아보기 더하여 10이 되는 수 알아보기 열다섯까지 세어 보기 스물까지 세어 보기

단계 교재

D – ❶ 교재	D – ❷ 교재
수 11~20 알기 11~20까지의 수 알기 30까지의 수 알아보기 자릿값을 이용하여 30까지의 수 나타내기 40까지의 수 알아보기 자릿값을 이용하여 40까지의 수 나타내기 자릿값을 이용하여 50까지의 수 나타내기 50까지의 수 알아보기	상자 모양, 공 모양, 둥근기둥 모양 알아보기 공간 위치 알아보기 입체도형으로 모양 만들기 여러 방향에서 본 모습 관찰하기 평면도형 알아보기 선대칭 모양 알아보기 모양 만들기와 탱그램

D – ❸ 교재	D – ❹ 교재
덧셈 이해하기 10이 되는 더하기 여러 가지로 더해 보기 덧셈 익히기 뺄셈 이해하기 10에서 빼기 여러 가지로 빼 보기 뺄셈 익히기	조사하여 기록하기 그래프의 이해 그래프의 활용 분수의 이해 시간 느끼기 사건의 순서 알기 소요 시간 알아보기 달력 보기 시계 보기 활동한 시간 알기

단계 교재

단계 교재

E - ❶ 교재	E - ❷ 교재	E - ❸ 교재
사물의 개수를 세어 보고 1, 2, 3, 4, 5 알아보기 0의 개념과 0~5까지의 수의 순서 알기 하나 더 많다, 적다의 개념 알기 두 수의 크기 비교하기 사물의 개수를 세어 보고 6, 7, 8, 9 알아보기 0~9까지의 수의 순서 알기 하나 더 많다, 적다의 개념 알기 두 수의 크기 비교하기 여러 가지 모양 알아보기, 찾아보기, 만들어 보기 규칙 찾기	두 수로 가르기 두 수를 모으기 가르기와 모으기 덧셈식 알아보기 뺄셈식 알아보기 길이 비교해 보기 높이 비교해 보기 들이 비교해 보기 무게 비교해 보기 넓이 비교해 보기	수 10(십) 알아보기 19까지의 수 알아보기 몇십과 몇십 몇 알아보기 물건의 수 세기 50까지 수의 순서 알아보기 두 수의 크기 비교하기 분류하기 분류하여 세어 보기

E - ❹ 교재	E - ❺ 교재	E - ❻ 교재
수 60, 70, 80, 90 99까지의 수 수의 순서 두 수의 크기 비교 여러 가지 모양 알아보기, 찾아보기 여러 가지 모양 만들기, 그리기 규칙 찾기 10을 두 수로 가르기 100이 되도록 두 수를 모으기	100이 되는 더하기 10에서 빼기 세 수의 덧셈과 뺄셈 (몇십)+(몇), (몇십 몇)+(몇), (몇십 몇)+(몇십 몇) (몇십 몇)-(몇), (몇십 몇)-(몇십 몇) 긴바늘, 짧은바늘 알아보기 몇 시 알아보기 몇 시 30분 알아보기	세 수의 덧셈 받아올림이 있는 (몇)+(몇) 받아내림이 있는 (십 몇)-(몇) 세 수의 계산 덧셈식, 뺄셈식 만들기 □가 있는 덧셈식, 뺄셈식 만들기 여러 가지 방법으로 해결하기

단계 교재

F - ❶ 교재	F - ❷ 교재	F - ❸ 교재
백(100)과 몇백(200, 300, ……)의 개념 이해 세 자리 수와 뛰어 세기의 이해 세 자리 수의 크기 비교 받아올림이 있는 (두 자리 수)+(한 자리 수)의 계산 받아내림이 있는 (두 자리 수)-(한 자리 수)의 계산 세 수의 덧셈과 뺄셈 선분과 직선의 차이 이해 사각형, 삼각형, 원 등의 여러 가지 모양 쌓기나무로 똑같이 쌓아 보고 여러 가지 모양 만들기 배열 순서에 따라 규칙 찾아내기	받아올림이 있는 (두 자리 수)+(두 자리 수)의 계산 받아내림이 있는 (두 자리 수)-(두 자리 수)의 계산 여러 가지 방법으로 계산하고 세 수의 혼합 계산 길이 비교와 단위길이의 비교 길이의 단위(cm) 알기 길이 재기와 길이 어림하기 어떤 수를 □로 나타내기 덧셈식·뺄셈식에서 □의 값 구하기 어떤 수를 구하는 식 만들기 식에 알맞은 문제 만들기	시각 읽기 시각과 시간의 차이 알기 하루의 시간 알기 달력을 보며 1년 알기 몇 시 몇 분 전 알기 반 시간 알기 묶어 세기 몇 배 알아보기 더하기를 곱하기로 나타내기 덧셈식과 곱셈식으로 나타내기

F - ❹ 교재	F - ❺ 교재	F - ❻ 교재
2~9의 단 곱셈구구 익히기 1의 단 곱셈구구와 0의 곱 곱셈표에서 규칙 찾기 받아올림이 없는 세 자리 수의 덧셈 받아내림이 없는 세 자리 수의 뺄셈 여러 가지 방법으로 계산하기 미터(m)와 센티미터(cm) 길이 재기 길이 어림하기 길이의 합과 차	받아올림이 있는 세 자리 수의 덧셈 받아내림이 있는 세 자리 수의 뺄셈 여러 가지 방법으로 덧셈·뺄셈하기 세 수의 혼합 계산 똑같이 나누기 전체와 부분의 크기 분수의 쓰기와 읽기 분수만큼 색칠하고 분수로 나타내기 표와 그래프로 나타내기 조사하여 표와 그래프로 나타내기	□가 있는 곱셈식을 만들어 문제 해결하기 규칙을 찾아 문제 해결하기 거꾸로 생각하여 문제 해결하기

단계 교재 (G)

G - ❶ 교재	G - ❷ 교재	G - ❸ 교재
1000의 개념 알기	똑같이 묶어 덜어 내기와 똑같게 나누기	분수만큼 알기와 분수로 나타내기
몇천, 네 자리 수 알기	나눗셈의 몫	몇 개인지 알기
수의 자릿값 알기	곱셈과 나눗셈의 관계	분수의 크기 비교
뛰어 세기, 두 수의 크기 비교	나눗셈의 몫을 구하는 방법	mm 단위를 알기와 mm 단위까지 길이 재기
세 자리 수의 덧셈	나눗셈의 세로 형식	km 단위를 알기
덧셈의 여러 가지 방법	곱셈을 활용하여 나눗셈의 몫 구하기	km, m, cm, mm의 단위가 있는 길이의
세 자리 수의 뺄셈	평면도형 밀기, 뒤집기, 돌리기	합과 차 구하기
뺄셈의 여러 가지 방법	평면도형 뒤집고 돌리기	시각과 시간의 개념 알기
각과 직각의 이해	(몇십)×(몇)의 계산	1초의 개념 알기
직각삼각형, 직사각형, 정사각형의 이해	(두 자리 수)×(한 자리 수)의 계산	시간의 합과 차 구하기

G - ❹ 교재	G - ❺ 교재	G - ❻ 교재
(네 자리 수)+(세 자리 수)	(몇십)÷(몇)	막대그래프
(네 자리 수)+(네 자리 수)	내림이 없는 (몇십 몇)÷(몇)	막대그래프 그리기
(네 자리 수)−(세 자리 수)	나눗셈의 몫과 나머지	그림그래프
(네 자리 수)−(네 자리 수)	나눗셈식의 검산 / (몇십 몇)÷(몇)	그림그래프 그리기
세 수의 덧셈과 뺄셈	들이 / 들이의 단위	알맞은 그래프로 나타내기
(세 자리 수)×(한 자리 수)	들이의 어림하기와 합과 차	규칙을 정해 무늬 꾸미기
(몇십)×(몇십) / (두 자리 수)×(몇십)	무게 / 무게의 단위	규칙을 찾아 문제 해결
(두 자리 수)×(두 자리 수)	무게의 어림하기와 합과 차	표를 만들어서 문제 해결
원의 중심과 반지름 / 그리기 / 지름 / 성질	0.1 / 소수 알아보기	예상과 확인으로 문제 해결
	소수의 크기 비교하기	

단계 교재 (H)

H - ❶ 교재	H - ❷ 교재	H - ❸ 교재
만 / 다섯 자리 수 / 십만, 백만, 천만	이등변삼각형 / 이등변삼각형의 성질	소수
억 / 조 / 큰 수 뛰어서 세기	정삼각형 / 예각과 둔각	소수 두 자리 수
두 수의 크기 비교	예각삼각형 / 둔각삼각형	소수 세 자리 수
100, 1000, 10000, 몇백, 몇천의 곱	덧셈, 뺄셈 또는 곱셈, 나눗셈이 섞여 있는 혼합	소수 사이의 관계
(세,네 자리 수)×(두 자리 수)	계산	소수의 크기 비교
세 수의 곱셈 / 몇십으로 나누기	덧셈, 뺄셈, 곱셈, 나눗셈이 섞여 있는 혼합 계산	규칙을 찾아 수로 나타내기
(두,세 자리 수)÷(두 자리 수)	( ), { }가 있는 혼합 계산	규칙을 찾아 글로 나타내기
각의 크기 / 각 그리기 / 각도의 합과 차	분수와 진분수 / 가분수와 대분수	새로운 무늬 만들기
삼각형의 세 각의 크기의 합	대분수를 가분수로, 가분수를 대분수로 나타내기	
사각형의 네 각의 크기의 합	분모가 같은 분수의 크기 비교	

H - ❹ 교재	H - ❺ 교재	H - ❻ 교재
분모가 같은 진분수의 덧셈	사다리꼴 / 평행사변형 / 마름모	꺾은선그래프
분모가 같은 대분수의 덧셈	직사각형과 정사각형의 성질	꺾은선그래프 그리기
분모가 같은 진분수의 뺄셈	다각형과 정다각형 / 대각선	물결선을 사용한 꺾은선그래프
분모가 같은 대분수의 뺄셈	여러 가지 모양 만들기	물결선을 사용한 꺾은선그래프 그리기
분모가 같은 대분수와 진분수의 덧셈과 뺄셈	여러 가지 모양으로 덮기	알맞은 그래프로 나타내기
소수의 덧셈 / 소수의 뺄셈	직사각형과 정사각형의 둘레	꺾은선그래프의 활용
수직과 수선 / 수선 긋기	1cm² / 직사각형과 정사각형의 넓이	두 수 사이의 관계
평행선 / 평행선 긋기	여러 가지 도형의 넓이	두 수 사이의 관계를 식으로 나타내기
평행선 사이의 거리	이상과 이하 / 초과와 미만 / 수의 범위	문제를 해결하고 풀이 과정을 설명하기
	올림과 버림 / 반올림 / 어림의 활용	

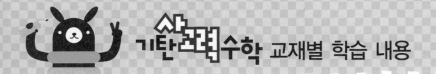

기탄사고력수학 교재별 학습 내용

단계 교재 ⓘ

I - ❶ 교재	I - ❷ 교재	I - ❸ 교재
약수 / 배수 / 배수와 약수의 관계 공약수와 최대공약수 공배수와 최소공배수 크기가 같은 분수 알기 크기가 같은 분수 만들기 분수의 약분 / 분수의 통분 분수의 크기 비교 / 진분수의 덧셈 대분수의 덧셈 / 진분수의 뺄셈 대분수의 뺄셈 / 세 분수의 덧셈과 뺄셈	세 분수의 덧셈과 뺄셈 (진분수)×(자연수) / (대분수)×(자연수) (자연수)×(진분수) / (자연수)×(대분수) (단위분수)×(단위분수) (진분수)×(진분수) / (대분수)×(대분수) 세 분수의 곱셈 / 합동인 도형의 성질 합동인 삼각형 그리기 면, 모서리, 꼭짓점 직육면체와 정육면체 직육면체의 성질 / 겨냥도 / 전개도	평행사변형의 넓이 삼각형의 넓이 사다리꼴의 넓이 마름모의 넓이 넓이의 단위 m², a 넓이의 단위 ha, km² 넓이의 단위 관계 무게의 단위

I - ❹ 교재	I - ❺ 교재	I - ❻ 교재
분수와 소수의 관계 분수를 소수로, 소수를 분수로 나타내기 분수와 소수의 크기 비교 1÷(자연수)를 곱셈으로 나타내기 (자연수)÷(자연수)를 곱셈으로 나타내기 (진분수)÷(자연수) / (가분수)÷(자연수) (대분수)÷(자연수) 분수와 자연수의 혼합 계산 선대칭도형/선대칭의 위치에 있는 도형 점대칭도형/점대칭의 위치에 있는 도형	(소수)×(자연수) / (자연수)×(소수) 곱의 소수점의 위치 (소수)×(소수) 소수의 곱셈 (소수)÷(자연수) (자연수)÷(자연수) 줄기와 잎 그림 그림그래프 평균 자료를 그래프로 나타내고 설명하기	두 수의 크기 비교 비율 백분율 할푼리 실제로 해 보기와 표 만들기 그림 그리기와 식 만들기 예상하고 확인하기와 표 만들기 실제로 해 보기와 규칙 찾기

단계 교재 ⓙ

J - ❶ 교재	J - ❷ 교재	J - ❸ 교재
(자연수)÷(단위분수) 분모가 같은 진분수끼리의 나눗셈 분모가 다른 진분수끼리의 나눗셈 (자연수)÷(진분수) / 대분수의 나눗셈 분수의 나눗셈 활용하기 소수의 나눗셈 / (자연수)÷(소수) 소수의 나눗셈에서 나머지 반올림한 몫 입체도형과 각기둥 / 각뿔 각기둥의 전개도 / 각뿔의 전개도	쌓기나무의 개수 쌓기나무의 각 자리, 각 층별로 나누어 개수 구하기 규칙 찾기 쌓기나무로 만든 것, 여러 가지 입체도형, 여러 가지 생활 속 건축물의 위, 앞, 옆 에서 본 모양 원주와 원주율 / 원의 넓이 띠그래프 알기 / 띠그래프 그리기 원그래프 알기 / 원그래프 그리기	비례식 비의 성질 가장 작은 자연수의 비로 나타내기 비례식의 성질 비례식의 활용 연비 두 비의 관계를 연비로 나타내기 연비의 성질 비례배분 연비로 비례배분

J - ❹ 교재	J - ❺ 교재	J - ❻ 교재
(소수)÷(분수) / (분수)÷(소수) 분수와 소수의 혼합 계산 원기둥 / 원기둥의 전개도 원뿔 회전체 / 회전체의 단면 직육면체와 정육면체의 겉넓이 부피의 비교 / 부피의 단위 직육면체와 정육면체의 부피 부피의 큰 단위 부피와 들이 사이의 관계	원기둥의 겉넓이 원기둥의 부피 경우의 수 순서가 있는 경우의 수 여러 가지 경우의 수 확률 미지수를 x로 나타내기 등식 알기 / 방정식 알기 등식의 성질을 이용하여 방정식 풀기 방정식의 활용	두 수 사이의 대응 관계 / 정비례 정비례를 활용하여 생활 문제 해결하기 반비례 반비례를 활용하여 생활 문제 해결하기 그림을 그리거나 식을 세워 문제 해결하기 거꾸로 생각하거나 식을 세워 문제 해결하기 표를 작성하거나 예상과 확인을 통하여 문제 해결하기 여러 가지 방법으로 문제 해결하기 새로운 문제를 만들어 풀어 보기

E3

🐤 **E121a ~ E135b**

학습 관리표

학습 내용		이번 주는?
 50까지의 수 ①	· 수 10(십) 알아보기 · 19까지의 수 알아보기 · 몇 십과 몇 십 몇 알아보기 · 물건의 수 세기 · 50까지 수의 순서 알아보기 · 두 수의 크기 비교하기 · 창의력 학습 · 경시 대회 예상 문제	· 학습 방법 : ① 매일매일　② 가끔　③ 한꺼번에 　　　　　　하였습니다. · 학습 태도 : ① 스스로 잘　② 시켜서 억지로 　　　　　　하였습니다. · 학습 흥미 : ① 재미있게　② 싫증내며 　　　　　　하였습니다. · 교재 내용 : ① 적합하다고　② 어렵다고　③ 쉽다고 　　　　　　하였습니다.

지도 교사가 부모님께	부모님이 지도 교사께

평가	Ⓐ 아주 잘함	Ⓑ 잘함	Ⓒ 보통	Ⓓ 부족함

원(교)　　　　반　이름　　　　전화

기초부터 탄탄하게
G 기탄교육
www.gitan.co.kr / (02)586-1007(대)

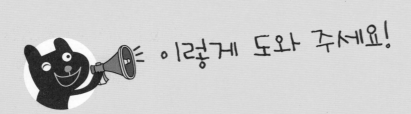

이렇게 도와 주세요!

● **학습 목표**
- 수 10의 구성을 이해한다.
- 10개씩 묶음의 수와 낱개의 수를 이용하여 50까지의 수를 나타내고 쓰고 읽을 수 있다.
- 개수가 50 이하인 물건들을 셀 수 있다.
- 50까지 수의 순서와 대소 관계를 이해한다.

● **지도 내용**
- 9보다 1 큰 수로써 10을 약속하고, 읽고 써 보게 한다.
- 10개씩 묶는 활동을 통하여 몇 십의 약속을 이해하고, 읽고 써 보게 한다.
- 10개씩 묶음과 낱개를 세는 활동을 통하여 몇 십 몇의 약속을 이해하고, 읽고 써 보게 한다.
- 개수가 50 이하인 물건들을 세어 보고, 자릿값을 이해하고 50까지 수의 순서를 알아보게 한다.
- 1 작은 수, 1 큰 수, 사이의 수를 알아보게 한다.
- 두 수의 크기를 비교해 보게 한다.

● **지도 요점**
지금까지 배웠던 0~9까지의 수를 기초로 활동을 통하여 10에서 50까지 수의 약속을 이해하고, 이들을 쓰고 읽을 수 있도록 하며, 수에 대한 감각을 기릅니다. 또한 구체적인 활동을 통하여 50까지의 수들에 대한 순서를 알고, 두 수의 크기를 비교하게 합니다.
구체물이나 반구체물을 10개씩 묶음과 낱개로 나타내는 활동을 통하여, 그 개수를 두 자리 수의 자연수로 나타내게 하여 십진법의 자리잡기 원리를 이해하게 합니다. 이때, 22의 경우 10개씩 묶음을 나타내는 2와 낱개를 나타내는 2가 숫자는 같지만 나타내는 자리에 따라서 크기가 20과 2로 다르게 나타내어진다는 것을 조작 활동을 통하여 자연스럽게 체득되도록 지도합니다.

✿ 이름 :

✿ 날짜 :

✿ 시간 :　　시　　분 ~ 　　시　　분

확인

◆ 수 10(십) 알아보기

· 9보다 1 큰 수를 10이라고 합니다.

· 10은 십 또는 열이라고 읽습니다.

[10, 십, 열]

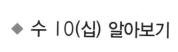 다음 ☐ 안에 알맞은 수를 써넣으시오.(1~5)

1 10은 9보다 ☐ 큽니다.

2 10은 8보다 ☐ 큽니다.

3 10은 7보다 ☐ 큽니다.

4 10은 6보다 ☐ 큽니다.

5 10은 5보다 ☐ 큽니다.

😊 다음 ☐ 안에 알맞은 수를 써넣으시오.(6~7)

6 9 다음의 수는 ☐ 입니다.

7 8 다음의 수는 ☐ 입니다.

사고력 학습

E-121b

👻 10이 되도록 빈 곳에 ○를 그려 넣으시오.(8~11)

8

9
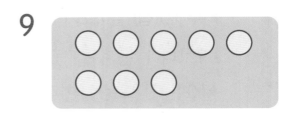

10

11

👻 10이 되도록 빈 곳에 △를 그려 넣으시오.(12~15)

12

13

14

15

 사고력 학습

✿ 이름 :

✿ 날짜 :

✿ 시간 :　시　분 ~　시　분

확인

◆ 19까지의 수 알아보기

• 10개씩 1묶음과 낱개 2개를 12라고 합니다.

• 12는 십이 또는 열둘이라고 읽습니다.

[12, 십이, 열둘]

🐸 다음 ☐ 안에 알맞은 수를 써넣으시오.(1~5)

1 11은 10보다 ☐ 큽니다.

2 12는 10보다 ☐ 큽니다.

3 13은 10보다 ☐ 큽니다.

4 14는 10보다 ☐ 큽니다.

5 15는 10보다 ☐ 큽니다.

E-122b

다음 □ 안에 알맞은 수를 써넣으시오.(6~14)

6 10보다 1 큰 수는 ☐ 입니다.

7 10보다 2 큰 수는 ☐ 입니다.

8 10보다 3 큰 수는 ☐ 입니다.

9 10보다 4 큰 수는 ☐ 입니다.

10 10보다 5 큰 수는 ☐ 입니다.

11 10보다 6 큰 수는 ☐ 입니다.

12 10보다 7 큰 수는 ☐ 입니다.

13 10보다 8 큰 수는 ☐ 입니다.

14 10보다 9 큰 수는 ☐ 입니다.

사고력 학습

E-123a

✿ 이름 :

✿ 날짜 :

✿ 시간 :　시　　분 ~ 　시　　분

확인

◆ 몇 십 알아보기

· 10개씩 2묶음을 20이라고 합니다.

· 20은 이십 또는 스물이라고 읽습니다.

· 20은 19 다음의 수입니다.

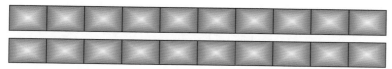

[20, 이십, 스물]

🐸 다음 ☐ 안에 알맞은 수를 써넣으시오.(1~5)

1 20은 19보다 ☐ 큽니다.

2 20은 18보다 ☐ 큽니다.

3 20은 17보다 ☐ 큽니다.

4 20은 16보다 ☐ 큽니다.

5 20은 15보다 ☐ 큽니다.

E-123b

👻 다음 ☐ 안에 알맞은 수를 써넣으시오.(6~14)

6 19보다 1 큰 수는 ☐ 입니다.

7 18보다 2 큰 수는 ☐ 입니다.

8 17보다 3 큰 수는 ☐ 입니다.

9 16보다 4 큰 수는 ☐ 입니다.

10 15보다 5 큰 수는 ☐ 입니다.

11 14보다 6 큰 수는 ☐ 입니다.

12 13보다 7 큰 수는 ☐ 입니다.

13 12보다 8 큰 수는 ☐ 입니다.

14 11보다 9 큰 수는 ☐ 입니다.

 사고력 학습

확인

E-124a

★ 이름 :

★ 날짜 :

★ 시간 : 시 분 ~ 시 분

◆ 몇 십 읽기

수	10	20	30	40	50
읽기	십	이십	삼십	사십	오십
	열	스물	서른	마흔	쉰

🐸 다음 그림을 보고 □ 안에 알맞은 수를 써넣으시오.(1~2)

1

10개씩 3묶음은 □ 입니다.

2

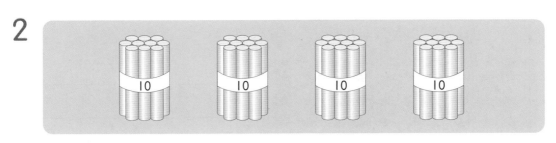

10개씩 □ 묶음은 □ 입니다.

👻 10개씩 묶어서 세어 수를 써넣고 읽어 보시오.(3~7)

3

★ ★ ★ ★ ★ ★ ★ ★ ★ ★

수	읽기	

4

★ ★ ★ ★ ★ ★ ★ ★ ★ ★
★ ★ ★ ★ ★ ★ ★ ★ ★ ★

수	읽기	

5

★ ★ ★ ★ ★ ★ ★ ★ ★ ★
★ ★ ★ ★ ★ ★ ★ ★ ★ ★
★ ★ ★ ★ ★ ★ ★ ★ ★ ★

수	읽기	

6

★ ★ ★ ★ ★ ★ ★ ★ ★ ★
★ ★ ★ ★ ★ ★ ★ ★ ★ ★
★ ★ ★ ★ ★ ★ ★ ★ ★ ★
★ ★ ★ ★ ★ ★ ★ ★ ★ ★

수	읽기	

7

★ ★ ★ ★ ★ ★ ★ ★ ★ ★
★ ★ ★ ★ ★ ★ ★ ★ ★ ★
★ ★ ★ ★ ★ ★ ★ ★ ★ ★
★ ★ ★ ★ ★ ★ ★ ★ ★ ★
★ ★ ★ ★ ★ ★ ★ ★ ★ ★

수	읽기	

🚗 사고력 학습

✿ 이름 :

✿ 날짜 :

✿ 시간 : 시   분 ~   시   분

확인

◆ **몇 십 몇 알아보기**

• 10개씩 2묶음과 낱개 3개를 23이라고 합니다.

• 23은 이십삼 또는 스물셋이라고 읽습니다.

10개씩 묶음	낱개	수	읽 기	
2	3	23	이십삼	스물셋

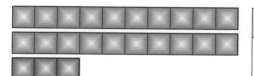 다음 그림을 보고 빈 곳에 알맞은 수와 말을 써넣으시오.(1~3)

1

수	읽기	

2

수	읽기	

3

수	읽기	

👻 다음 그림을 보고 빈 곳에 알맞은 수를 써넣고 읽어 보시오.(4~6)

4

10개씩 ⬚ 묶음과

낱개 ⬚ 개입니다.

수	읽기	

5

10개씩 ⬚ 묶음과

낱개 ⬚ 개입니다.

수	읽기	

6

10개씩 ⬚ 묶음과

낱개 ⬚ 개입니다.

수	읽기	

E-126a

◆ 50까지 수의 순서 알아보기

1	2	3	4	5	6	7	8	9	10
11	12	13	14	15	16	17	18	19	20
21	22	23	24	25	26	27	28	29	30
31	32	33	34	35	36	37	38	39	40
41	42	43	44	45	46	47	48	49	50

 다음 빈 곳에 알맞은 수를 써넣으시오.(1~4)

1

11	12	13			16	17	

2

22		24		27	28	

3

	34	35		38		

4

		45	46			49	

사고력 학습

👻 다음 빈 곳에 알맞은 수를 써넣으시오.(5~14)

5 | 27 | | 29 |

6 | 38 | 39 | |

7 | | 47 | 48 |

8 | 48 | 49 | |

9 | 19 | | 21 |

10 | | 31 | 32 |

11 | 38 | 39 | |

12 | | 41 | |

13 | | 49 | |

14 | 39 | | 41 |

사고력 학습

♣ 이름 :

♣ 날짜 :

♣ 시간 :　시　분~　시　분

확인

◆ 두 수의 크기 비교하기

· 10개씩 묶음의 수가 다르면 10개씩 묶음의 수가 큰 쪽이 더 큰 수입니다.

· 10개씩 묶음의 수가 같으면 낱개의 수가 큰 쪽이 더 큰 수입니다.

🐸 다음 두 수 중에서 더 큰 수에 ○표 하시오.(1~8)

1   13   23

2   24   31

3   34   29

4   41   38

5   24   44

6   35   25

7   30   28

8   39   50

다음 수를 읽어 보시오.(9~16)

9 　27 　➡ 　[　이십칠 　] 　또는 　[　스물일곱 　]

10 　36 　➡ 　[　　　] 　또는 　[　　　]

11 　45 　➡ 　[　　　] 　또는 　[　　　]

12 　14 　➡ 　[　　　] 　또는 　[　　　]

13 　23 　➡ 　[　　　] 　또는 　[　　　]

14 　32 　➡ 　[　　　] 　또는 　[　　　]

15 　41 　➡ 　[　　　] 　또는 　[　　　]

16 　50 　➡ 　[　　　] 　또는 　[　　　]

✿ 이름 :

✿ 날짜 :

✿ 시간 : 시 분~ 시 분

확인

◆ 수의 순서 알아보기

• 바로 앞의 수 : 1 작은 수

• 바로 다음의 수 : 1 큰 수

• 사이의 수 : 작은 수보다 1 크고, 큰 수보다 1 작은 수

┌── 1 큰 수 ──→
24 ➡ 25   36 ➡ 37 ➡ 38
└── 1 작은 수 ──┘   ↑── 36과 38 사이의 수

🐸 다음 수의 바로 앞의 수와 바로 다음의 수를 쓰시오.(1~6)

1 ☐ ─ 15 ─ ☐   2 ☐ ─ 24 ─ ☐

3 ☐ ─ 44 ─ ☐   4 ☐ ─ 29 ─ ☐

5 ☐ ─ 40 ─ ☐   6 ☐ ─ 49 ─ ☐

사고력 학습

E-128b

👻 다음 수의 바로 앞의 수를 쓰시오.(7~11)

7 _____ 20

8 _____ 30

9 _____ 10

10 _____ 40

11 _____ 50

👻 다음 두 수의 사이의 수를 쓰시오.(12~19)

12 22와 24 _____

13 29와 31 _____

14 43과 45 _____

15 32와 34 _____

16 39와 41 _____

17 19와 21 _____

18 18과 20 _____

19 48과 50 _____

🚗 사고력 학습

✿ 이름 :

✿ 날짜 :

✿ 시간 :   시   분 ~   시   분

확인

🐸 다음 ☐ 안에 알맞은 수를 써넣으시오.(1~10)

1 10은 4보다 ☐ 큰 수입니다.

2 7보다 ☐ 큰 수는 10입니다.

3 10개씩 1묶음과 낱개 5개는 ☐ 입니다.

4 10개씩 1묶음과 낱개 8개는 ☐ 입니다.

5 10개씩 ☐ 묶음과 낱개 2개는 12입니다.

6 10개씩 ☐ 묶음과 낱개 6개는 16입니다.

7 10개씩 ☐ 묶음과 낱개 ☐ 개는 11입니다.

8 10개씩 ☐ 묶음과 낱개 ☐ 개는 19입니다.

9 10은 ☐ 보다 2 큰 수입니다.

10 10은 ☐ 보다 3 큰 수입니다.

은행잎을 언니는 10장씩 1묶음을 주웠고, 동생은 낱장으로 7장을 주웠습니다. 다음 물음에 답하시오.(11~16)

11 언니는 몇 장을 주웠습니까?

[답]

12 동생은 몇 장을 주웠습니까?

[답]

13 동생이 몇 장을 더 주우면 언니가 주운 것과 같아집니까?

[답]

14 언니는 동생보다 몇 장을 더 주웠습니까?

[답]

15 언니와 동생이 주운 은행잎은 모두 몇 장입니까?

[답]

16 위 15번 답의 수를 두 가지로 읽어 보시오.

[답]

E-130a

♣ 이름 :

♣ 날짜 :

♣ 시간 :　　시　　분 ~ 　　시　　분

확인

🐸 다음 ☐ 안에 알맞은 수를 써넣으시오.(1~10)

1　10개씩 묶음이 4, 낱개가 5이면 ☐ 입니다.

2　10개씩 묶음이 3, 낱개가 7이면 ☐ 입니다.

3　10개씩 묶음이 4, 낱개가 4이면 ☐ 입니다.

4　10개씩 묶음이 5, 낱개가 0이면 ☐ 입니다.

5　10개씩 묶음이 ☐ , 낱개가 2이면 22입니다.

6　10개씩 묶음이 ☐ , 낱개가 3이면 43입니다.

7　10개씩 묶음이 ☐ , 낱개가 5이면 35입니다.

8　10개씩 묶음이 4, 낱개가 ☐ 이면 41입니다.

9　10개씩 묶음이 3, 낱개가 ☐ 이면 30입니다.

10　10개씩 묶음이 2, 낱개가 ☐ 이면 28입니다.

11 구슬을 형은 10개씩 2묶음을 가지고 있고, 동생은 낱개로 8개를 가지고 있습니다. 형과 동생이 가지고 있는 구슬은 모두 몇 개입니까?

[답]

색종이를 언니는 10장씩 2묶음을 가지고 있고, 동생은 10장씩 1묶음과 낱장으로 6장을 가지고 있습니다. 다음 물음에 답하시오.(12~13)

12 동생은 색종이를 몇 장 더 모으면 언니가 가지고 있는 색종이의 수와 같게 됩니까?

[답]

13 언니와 동생이 가지고 있는 색종이의 수는 모두 몇 장입니까?

[답]

E-131a

✿ 이름 :
✿ 날짜 :
✿ 시간 :   시   분 ~   시   분

확인

🐸 다음 빈 곳에 알맞은 수를 써넣으시오.(1~4)

1   9 ― 10 ― 11 ― ☐ ― ☐ ― 14 ― 15

2   22 ― ☐ ― 24 ― 25 ― ☐ ― 27

3   35 ― 36 ― ☐ ― 38 ― ☐ ― 41

4   44 ― 45 ― ☐ ― ☐ ― 48 ― ☐ ― ☐

🐸 다음을 수로 나타내어 보시오.(5~12)

5   삼십육 _____

6   사십사 _____

7   이십일 _____

8   십구 _____

9   마흔아홉 _____

10   쉰 _____

11   서른둘 _____

12   스물둘 _____

사고력 학습

🐧 종이학을 보슬이는 스물다섯 개 접었고, 이슬이는 열한 개 접었습니다. 다음 물음에 답하시오.(13~16)

13 보슬이가 접은 종이학을 숫자로 써 보시오.

[답]

14 이슬이가 접은 종이학을 숫자로 써 보시오.

[답]

15 보슬이와 이슬이가 접은 종이학은 모두 몇 개입니까?

[답]

16 보슬이와 이슬이가 접은 종이학의 합의 수를 두 가지로 읽어 보시오.

[답]

17 오늘 동화책을 언니는 스물두 쪽을 읽었고, 동생은 열한 쪽을 읽었습니다. 언니와 동생이 오늘 읽은 동화책은 모두 몇 쪽입니까?

[답]

✿ 이름 :

✿ 날짜 :

✿ 시간 : 시 분 ~ 시 분

확인

🐸 다음 수 중에서 가장 큰 수에 ◯표 하시오.(1~6)

1 [17, 13, 15]   **2** [30, 28, 19]

3 [10, 30, 50]   **4** [12, 31, 22]

5 [39, 44, 22]   **6** [31, 21, 41]

🐸 다음 수 중에서 가장 작은 수에 △표 하시오.(7~12)

7 [10, 30, 20]   **8** [22, 42, 12]

9 [47, 17, 37]   **10** [32, 30, 33]

11 [23, 32, 20]   **12** [14, 41, 11]

13 9보다 크고 12보다 작은 수를 모두 쓰시오.

[답]

사고력 학습

다음은 네 사람이 가지고 있는 색연필의 수를 나타낸 표입니다. 물음에 답하시오.(14~16)

한 별	두 리	보 람	예 솔
열한 자루	스물두 자루	서른세 자루	마흔네 자루

14 가장 많이 가지고 있는 사람은 누구입니까?

[답]

15 30자루보다는 많고 40자루보다는 적게 가지고 있는 사람은 누구입니까?

[답]

16 한별이와 두리가 가지고 있는 색연필을 합하면 모두 몇 자루입니까?

[답]

다음 ☐ 안에 알맞은 수를 써넣으시오.(17~18)

17

| 2 |—| 12 |—| ☐ |—| 32 |—| ☐ |

18

| 0 |—| 5 |—| 10 |—| ☐ |—| 20 |—| 25 |—| ☐ |—| 35 |

E-133a

❀ 이름 :

❀ 날짜 :

❀ 시간 :　　시　　분 ~ 　　시　　분

확인

🔵 창의력 학습

다음 숫자들을 보고 연상되는 사물을 적어 보시오. [보기]를 잘 살펴보고 다양한 생각을 해 보시오.

[보기]

0 : 공, 동전, 축구공, …

1

3

8

덧셈을 하여 답이 7이 되는 것은 민수의 물건입니다. 민수의 물건을
모두 찾아 ◯표 해 보시오.

✿ 이름 :

✿ 날짜 :

✿ 시간 :　　시　　분 ~　　시　　분

확인

✚ 경시 대회 예상 문제

1 다음 □ 안에 알맞은 수를 써넣으시오.

(1) | 50 | 40 | | 20 | |

(2) | 14 | 24 | | | 54 |

(3) | 40 | 42 | | 46 | 48 | |

2 다음을 작은 수부터 차례로 번호를 쓰시오.

① 서른아홉　② 사십　③ 스물다섯　④ 마흔넷

[답]

3 운동장에 40명의 어린이가 한 줄에 열 명씩 서 있습니다. 모두 몇 줄입니까?

[답]

4 10개씩 4묶음과 낱개 9개인 수가 있습니다. 이 수의 바로 다음의 수를 쓰시오.

[답]

5 바둑돌을 세어 보니 다음과 같았습니다. 물음에 답하시오.

	흰색 바둑돌	검은색 바둑돌
10개씩 묶음	1	2
낱 개	25	12

(1) 흰색 바둑돌은 몇 개입니까?　　　　[답]

(2) 검은색 바둑돌은 몇 개입니까?　　　　[답]

(3) 어느 바둑돌이 몇 개 더 많습니까?

　　　[답]

6 10개씩 묶음의 수가 2이면서 낱개가 3보다 작은 수를 모두 쓰시오.

[답]

✿ 이름 :

✿ 날짜 :

✿ 시간 :   시   분 ~   시   분

확인

7 다음 □ 안에 알맞은 말을 써넣으시오.

(1) 스물여덟 – 스물아홉 – [   ] – [   ] – 서른둘

(2) 서른아홉 – [   ] – [   ] – 마흔둘 – 마흔셋

8 다음 중 가장 큰 수에 ○표 하시오.

(1) [27,   30,   19   ]   (2) [24,   42,   18   ]

9 운동장에 학생들이 한 줄로 서 있습니다. 나리는 앞에서부터 열여섯째에 서 있고, 다운이는 나리보다 열째 뒤에 서 있고, 새롬이는 나리보다 여섯째 앞에 서 있습니다. 다음 물음에 답하시오.

(1) 다운이는 앞에서부터 몇째에 서 있습니까?

[답]

(2) 새롬이는 앞에서부터 몇째에 서 있습니까?

[답]

10 47보다 3 큰 수를 쓰고, 두 가지로 읽어 보시오.

[답]

11 언니는 색종이를 10장씩 4묶음과 낱장으로 7장을 가지고 있었는데, 동생에게 10장씩 2묶음을 주었습니다. 언니는 색종이를 몇 장 가지고 있습니까?

[답]

12 38은 18보다 10개씩 묶음의 수로 몇 묶음 더 많습니까?

[답]

13 과일 48개를 한 주머니에 10개씩 넣으려고 합니다. 5개의 주머니에 가득 채우려면 과일이 몇 개 더 있어야 합니까?

[답]

사고력도 탄탄! 창의력도 탄탄!

E3

E136a ~ E150b

학습 관리표

학습 내용		이번 주는?
50까지의 수 ②	· 분류하기 · 분류하여 세어 보기 · 창의력 학습 · 경시 대회 예상 문제	• 학습 방법 : ① 매일매일　② 가끔　　③ 한꺼번에 　　　　　　하였습니다. • 학습 태도 : ① 스스로 잘　② 시켜서 억지로 　　　　　　하였습니다. • 학습 흥미 : ① 재미있게　② 싫증내며 　　　　　　하였습니다. • 교재 내용 : ① 적합하다고　② 어렵다고　③ 쉽다고 　　　　　　하였습니다.

지도 교사가 부모님께	부모님이 지도 교사께

평가	Ⓐ 아주 잘함	Ⓑ 잘함	Ⓒ 보통	Ⓓ 부족함

원(교)　　　　　반　　　이름　　　　　　전화

기초부터 탄탄하게
Ｇ 기탄교육
www.gitan.co.kr / (02)586-1007(대)

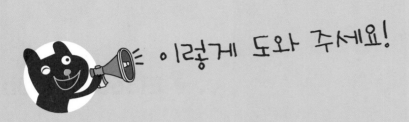

● 학습 목표
– 한 가지 기준에 따라 자료를 분류할 수 있다.
– 한·두 가지 기준에 따라 자료를 수집하고, 이를 분류하여 세어 볼 수 있다.

● 지도 내용
– ☐ 모양은 네모 모양, 공책 모양, 사각형 모양, ……으로 부를 수 있다. 그런데 우리는 네모 모양이라고 부르기로 약속한다.
– ▲ 모양은 세모 모양, 삼각자 모양, 삼각형 모양, ……으로 부를 수 있다. 그런데 우리는 세모 모양이라고 부르기로 약속한다.
– ◯ 모양은 동그라미 모양, 동전 모양, 원 모양, ……으로 부를 수 있다. 그런데 우리는 동그라미 모양이라고 부르기로 약속한다.
– 조사 목적에 맞는 자료를 수집하여 속성에 따라 분류해 보게 한다.
– 분류한 자료를 표에 알맞게 정리해 보게 한다.
– 자료를 보고 두 가지 속성에 따라 분류해 보게 한다.
– 분류한 자료의 개수를 세어 보게 한다.

● 지도 요점
통계의 목적은 자료를 수집하여 정리하고 해석하여 우리의 생활에 활용하는 데 있으므로, 통계 교육도 이와 같은 목적에 맞게 지도해야 합니다.
분류하여 세어 보기는 통계의 가장 기본이 되는 활동으로 한 가지 기준에 따라 분류하기, 기준에 따라 분류한 것을 세어 보기, 한 가지 기준에 따라 자료를 수집하고 분류하여 세어 보기, 두 가지 기준에 따라 분류하여 세어 보기 등의 활동을 전개합니다.
사물이나 사람을 정해진 한 가지 기준에 따라 분류하여 각각의 개수를 셀 수 있게 합니다. 소재는 생활 주변에서 아이들이 친근하게 느낄 수 있는 것을 활용하고, 분류의 기준이 되는 특징은 분명하고 명확하면서 간단한 것으로 합니다.
사물이나 사람을 2, 3가지 조건을 고려하여 식별해 내고, 각각의 개수를 알아보게 합니다. 이를테면, 색깔, 모양, 크기가 다른 여러 가지 모양판이나 단추와 같은 구체물을 놓고 색깔과 모양, 모양과 크기 등과 같이 복합적인 2, 3가지 조건에 따라 식별해 내고 각각의 개수를 알아보게 지도합니다.

🐸 다음 그림을 보고 물음에 답하시오.(1~4)

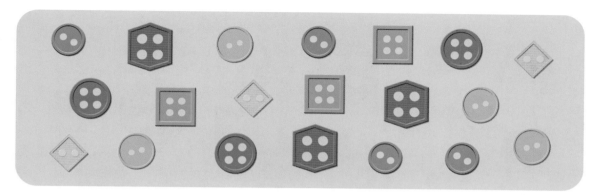

1 구멍이 2개인 단추는 몇 개입니까?

[답]

2 구멍이 4개인 단추는 몇 개입니까?

[답]

3 네모 모양인 단추는 몇 개입니까?

🔲 모양은 네모 모양,
공책 모양, 사각형 모양, ……으로
부를 수 있어. 그런데 우리는 네모 모양
이라고 부르기로 약속해!

[답]

4 동그라미 모양인 단추는 몇 개입니까?

⚪ 모양은 동그라미 모양,
동전 모양, 원 모양, ……으로 부를 수
있어. 그런데 우리는 동그라미 모양
이라고 부르기로 약속해!

[답]

👻 다음 그림을 보고 물음에 답하시오.(5~8)

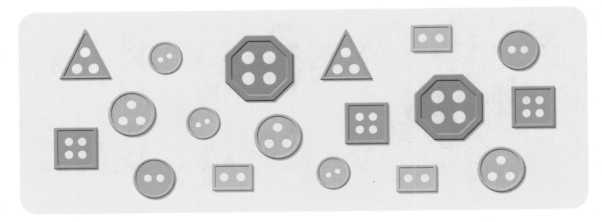

5 세모 모양인 단추는 몇 개입니까?

△ 모양은 세모 모양,
삼각자 모양, 삼각형 모양, ……으로
부를 수 있어. 그런데 우리는 세모 모양
이라고 부르기로 약속해!

[답]

6 동그라미 모양인 단추는 몇 개입니까?

[답]

7 구멍이 2개인 단추는 어떤 모양과 어떤 모양입니까?

[답]

8 가장 큰 단추는 구멍이 몇 개입니까?

[답]

 사고력 학습

♣ 이름 :

♣ 날짜 :

♣ 시간 :   시   분 ~   시   분

확인

😊 다음 그림을 보고 물음에 답하시오.(1~4)

1 어떤 모양들이 있습니까?

[답]

2 동그라미 모양은 몇 개입니까?

[답]

3 가장 많은 것은 어떤 모양입니까?

[답]

4 가장 적은 것은 어떤 모양입니까?

[답]

🌬 다음 그림을 보고 물음에 답하시오.(5~8)

5 네모 모양은 몇 개입니까?

[답]

6 세모 모양은 몇 개입니까?

[답]

7 동그라미 모양은 몇 개입니까?

[답]

8 네모 모양은 세모 모양보다 몇 개 더 많습니까?

[답]

🐸 다음 동전 그림을 보고 물음에 답하시오.(1~3)

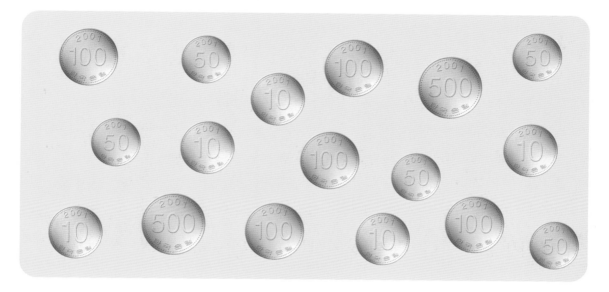

1 동전의 종류는 몇 가지입니까?

[답]

2 동전의 크기는 몇 가지입니까?

[답]

3 동전의 모양은 몇 가지입니까?

[답]

다음은 1학년 2반 어린이들이 좋아하는 계절을 조사한 것입니다. 물음에 답하시오.(4~7)

여름	봄	여름	봄	겨울	봄	가을	여름	봄
여름	겨울	가을	여름		여름	겨울	봄	가을
				가을				여름
봄	겨울	가을	가을	봄	가을	봄	겨울	
여름	겨울	여름	봄	여름	가을	겨울	여름	

4 1학년 2반 어린이들이 좋아하는 계절의 종류를 모두 쓰시오.

[답]

5 여름을 좋아하는 어린이는 몇 명입니까?

[답]

6 겨울을 좋아하는 어린이는 몇 명입니까?

[답]

7 봄을 좋아하는 어린이 수와 가을을 좋아하는 어린이 수의 차는 몇 명입니까?

[식]   [답]

🐸 다음은 I학년 I반 어린이들이 좋아하는 운동을 조사한 것입니다. 물음에 답하시오.(1~4)

| 수영 테니스 체조 축구 달리기 농구 축구 야구 농구 |
| 농구 축구 야구 배구 농구 체조 배구 야구 테니스 축구 |
| 농구 테니스 축구 야구 달리기 축구 테니스 축구 농구 체조 |
| 체조 축구 야구 테니스 야구 체조 배구 달리기 농구 달리기 |

1 I학년 I반 어린이들이 좋아하는 운동의 종류를 모두 쓰시오.

[답]

2 가장 많은 어린이들이 좋아하는 운동은 무엇입니까?

[답]

3 가장 적은 어린이들이 좋아하는 운동은 무엇입니까?

[답]

4 체조를 좋아하는 어린이 수와 달리기를 좋아하는 어린이 수의 합은 모두 몇 명입니까?

[식]   [답]

사고력 학습

👻 다음은 소연이가 가지고 있는 학용품을 조사한 것입니다. 물음에 답하시오.
(5~7)

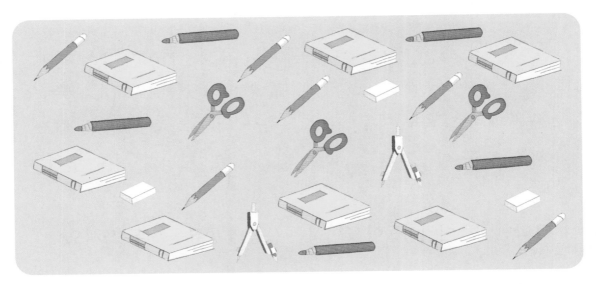

5 소연이가 가지고 있는 학용품의 종류를 모두 쓰시오.

[답]

6 가위와 지우개 수의 합을 구하시오.

[식]   [답]

7 개수가 둘째 번으로 많은 학용품은 무엇입니까?

[답]

 사고력 학습

E-140a

✿ 이름 :

✿ 날짜 :

✿ 시간 :   시   분 ~   시   분

확인

🐸 목장에 다음과 같은 동물들이 있습니다. 물음에 답하시오.(1~2)

1 목장에 있는 동물의 종류를 모두 쓰시오.

[답]

2 발의 수에 따라 동물을 분류하여 보시오.

(1) 네 발 달린 동물

[답]

(2) 두 발 달린 동물

[답]

사고력 학습

다음은 소인이네 반 어린이들이 좋아하는 동물을 조사한 것입니다. 물음에 답하시오.(3~6)

사슴 토끼 호랑이 호랑이 사자 개 코끼리 사자
개 사슴 토끼 개 토끼 개 호랑이 호랑이 사자
사자 사자 호랑이 코끼리 사슴 개 호랑이 사슴 토끼
호랑이 호랑이 사자 토끼 호랑이 사자 호랑이 사자

3 소인이네 반 어린이들이 좋아하는 동물의 종류를 모두 쓰시오.

[답]

4 동물의 수를 세어 보시오.

동물	사슴	토끼	호랑이	사자	개	코끼리
수(마리)						

5 가장 많은 어린이들이 좋아하는 동물의 이름을 쓰시오.

[답]

 사고력 학습

🌸 이름 :

🌸 날짜 :

🌸 시간 : 　시　 분 ~ 　시　 분

확인

🐸 다음은 은지네 모둠 어린이들이 1주일 동안 아침 체조를 한 것을 기록한 것입니다. 물음에 답하시오.(1~3)

이름 ＼ 요일	월	화	수	목	금	토	일
은지	○	○	○	○	○	○	○
샛별	○	○	○			○	
우리	○		○	○	○		
보라	○	○		○	○	○	○
보람	○	○	○	○	○	○	○
한샘	○	○		○	○	○	

1 가장 많은 어린이들이 아침 체조를 한 요일은 무슨 요일입니까?

[답]

2 가장 적은 어린이들이 아침 체조를 한 요일은 무슨 요일입니까?

[답]

3 어린이들이 아침 체조를 한 날수를 쓰시오.

이름	은지	샛별	우리	보라	보람	한샘
날수(일)						

다음은 지난 1주일 동안의 날씨를 조사한 것입니다. 물음에 답하시오.(4~6)

요일	월	화	수	목	금	토	일
날씨	☀	☁	☂	☀	☀	☁	☀

☀ 맑은 날, ☁ 흐린 날, ☂ 비 온 날

4 1주일 동안 있었던 날씨의 종류를 모두 쓰시오.

[답]

5 다음과 같은 날씨는 며칠인지 알아보시오.

날씨	☀	☁	☂
날수(일)			

6 1주일 동안 가장 많았던 날씨는 무엇입니까?

[답]

 사고력 학습

✿ 이름 :

✿ 날짜 :

✿ 시간 :   시   분~   시   분

확인

🐸 다음은 탈것을 조사한 것입니다. 물음에 답하시오.(1~3)

1 탈것의 종류는 몇 가지입니까?

[답]

2 바퀴가 2개인 탈것을 모두 쓰시오.

[답]

3 탈것의 수를 세어 보시오.

탈것	비행기	승용차	기차	버스	자전거	오토바이	배
수(대)							

다음 그림을 보고 물음에 답하시오.(4~7)

4 운동할 때 사용하는 것을 모두 쓰시오.

[답]

5 |개씩 있는 것을 모두 쓰시오.

[답]

6 2개씩 있는 것을 모두 쓰시오.

[답]

7 공은 모두 몇 개입니까?

[답]

 사고력 학습

★ 이름 :

★ 날짜 :

★ 시간 : 시 분 ~ 시 분

확인

🐸 다음은 유리네 모둠 어린이들의 형제자매 관계를 조사한 것입니다. 물음에 답하시오.(○표는 형제자매가 있는 경우입니다.)(1~4)

	오빠	누나	형	언니	여동생	남동생
유리	○				○	
하나				○		
은철		○				
동규						○
한별		○	○			
고은						○

1 남동생이 있는 사람의 이름을 모두 쓰시오.

[답]

2 누나가 있는 사람은 몇 명입니까?

[답]

3 오빠와 여동생이 모두 있는 사람은 누구입니까?

[답]

4 유리네 모둠 어린이는 몇 명입니까?

[답]

사고력 학습

다음은 은호 친구들이 좋아하는 음식을 조사한 것입니다. 물음에 답하시오. (5~7)

음식＼이름	은호	미숙	진실	영주	윤희	영호	가람	형근	현수
토스트				○		○			
피 자	○				○		○		○
햄버거		○						○	
자장면			○						

5 은호 친구들이 좋아하는 음식의 종류는 몇 가지입니까?

[답]

6 가장 많은 어린이들이 좋아하는 음식은 무엇입니까?

[답]

7 다음 빈 곳에 알맞은 수를 써넣으시오.

음 식	토스트	피 자	햄버거	자장면
사람 수(명)				

확인

♣ 이름 :

♣ 날짜 :

♣ 시간 :　　시　　분 ~　　시　　분

😊 다음은 1학년 3반 어린이들이 좋아하는 위인을 조사한 것입니다. 물음에 답하시오.(1~3)

이순신	이순신	세종대왕	에디슨	세종대왕	이순신	이순신	이순신
에디슨	에디슨	에디슨	세종대왕	허 준	에디슨	세종대왕	허 준
허 준	세종대왕	방정환	이순신	세종대왕	세종대왕	이순신	세종대왕
허 준	이순신	세종대왕	이순신	방정환	세종대왕	에디슨	이순신
세종대왕	세종대왕	방정환	에디슨	허 준	이순신		

1　1학년 3반 어린이들이 좋아하는 위인을 모두 쓰시오.

[답]

2　위의 위인 중에서 외국 사람은 누구입니까?

[답]

3　가장 많은 어린이들이 좋아하는 위인은 누구입니까?

[답]

사고력 학습

👻 다음은 Ⅰ학년 4반 어린이들의 장래 희망을 조사한 것입니다. 물음에 답하시오.(4~6)

과학자	운동선수	의사	운동선수	과학자	의사	운동선수	선생님
대통령	과학자	의사	대통령	화가	선생님	화가	과학자
선생님	과학자	선생님	과학자	의사	과학자	운동선수	의사
과학자	선생님	운동선수	가수	의사	대통령	과학자	과학자
의사	탤런트	가수	탤런트	화가	선생님	의사	

4 Ⅰ학년 4반 어린이들의 장래 희망을 모두 쓰시오.

[답]

5 Ⅰ학년 4반 어린이는 몇 명입니까?

[답]

6 다음 빈 곳에 알맞은 수를 써넣으시오.

장래 희망	과학자	운동선수	의사	선생님	대통령	화가	가수	탤런트
사람 수(명)								

✿ 이름 :

✿ 날짜 :

✿ 시간 :   시   분 ~   시   분

확인

🐸 다음은 냉장고에 들어 있는 채소를 조사한 것입니다. 물음에 답하시오.(1~3)

1 냉장고에 들어 있는 채소의 종류를 모두 쓰시오.

[답]

2 다음 빈 곳에 알맞은 말이나 수를 써넣으시오.

채소 이름	당근			
개수(개)				

3 가장 많은 채소는 무엇입니까?

[답]

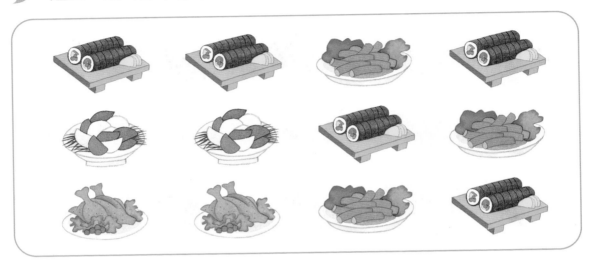 다음은 어린이들이 좋아하는 음식을 조사한 것입니다. 물음에 답하시오.(4~6)

4 어린이들이 좋아하는 음식의 종류를 모두 쓰시오.

[답]

5 다음 빈 곳에 알맞은 말이나 수를 써넣으시오.

음식 이름			떡	
사람 수(명)				

6 가장 많은 어린이들이 좋아하는 음식은 무엇입니까?

[답]

이름 :

날짜 :

시간 : 시 분 ~ 시 분

확인

🐸 다음은 여러 가지 모양을 조사한 것입니다. 물음에 답하시오.(1~4)

1 빨간색 모양은 몇 가지입니까?

[답]

2 노란색이면서 동그라미 모양인 것은 몇 개입니까?

[답]

3 초록색이면서 세모 모양인 것은 몇 개입니까?

[답]

4 빨간색이면서 네모 모양인 것은 몇 개입니까?

[답]

사고력 학습

다음은 여러 가지 모양을 조사한 것입니다. 물음에 답하시오.(5~8)

5 모양은 몇 가지입니까?

[답]

6 색깔은 몇 가지입니까?

[답]

7 노란색 별은 몇 개입니까?

[답]

8 가장 많은 색깔은 무엇입니까?

[답]

확인

❀ 이름 :

❀ 날짜 :

❀ 시간 : 시 분 ~ 시 분

🐸 다음 그림을 보고 물음에 답하시오.(1~3)

1 다음 빈 곳에 알맞은 말이나 수를 써넣으시오.

이름	병아리				
수(마리)					

2 다리가 **4**개인 동물은 몇 마리입니까?

[답]

3 실제로 크기가 가장 큰 동물의 이름을 쓰시오.

[답]

🎃 다음은 학생 20명의 가족 수를 조사한 것입니다. 물음에 답하시오.(4~6)

4명 은수	5명 영지	4명 철희	4명 영수	5명 예지
4명 하늘	3명 누림	3명 희영	4명 예솔	3명 은호
6명 범수	4명 다운	6명 은별	4명 다솜	6명 새샘
3명 혜은	3명 신혜	3명 현경	4명 인경	4명 수철

4 가족 수의 종류는 몇 가지입니까?

[답]

5 다음 빈 곳에 알맞은 말이나 수를 써넣으시오.

가족 수 종류	3명		5명	
학생 수(명)				

6 학생 수가 가장 많은 가족 수의 종류는 무엇입니까?

[답]

🚙 사고력 학습

☀ 이름 :

☀ 날짜 :

☀ 시간 :   시   분 ~   시   분

확인

🔵 창의력 학습

신문에서 사진을 오리거나 그림으로 그려서 다음을 표현해 보시오.

커요

작아요

빨라요

느려요

색종이를 오려서 동물을 만들어 아래 배경 그림에 붙이고 색칠하시오.

창의력 학습

♣ 이름 :

♣ 날짜 :

♣ 시간 : 시 분 ~ 시 분

확인

경시 대회 예상 문제

1 진솔이네 반 학생 **20**명이 좋아하는 색깔을 조사하였습니다. 좋아하는 색깔에 따라 학생 수를 세어 보시오.

초록	노랑	분홍	파랑	초록	빨강	노랑	파랑	초록	빨강
파랑	빨강	초록	초록	빨강	노랑	초록	분홍	빨강	노랑

색깔	초록				
학생 수(명)					

2 다음은 어린이 **20**명이 각자 가지고 있는 장난감의 수를 조사한 것입니다. 물음에 답하시오.

5	8	2	1	4	3	9	8	4	5
6	5	7	3	2	6	5	3	5	6

(1) 장난감을 **5**개보다 적게 가지고 있는 어린이는 몇 명입니까?

[답]

(2) 가장 많이 가지고 있는 장난감 수와 가장 적게 가지고 있는 장난감 수의 차는 몇 개입니까?

[식]   [답]

3 여러 가지 색깔과 모양의 단추들이 있습니다. 다음 물음에 답하시오.

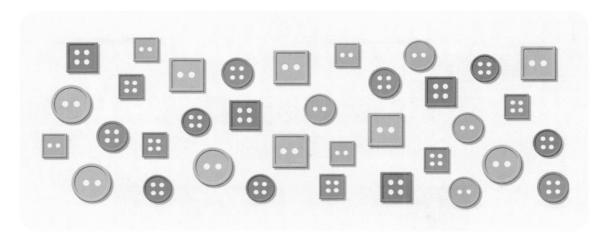

(1) 단추 구멍의 수에 따라 개수를 세어 보시오.

단추 구멍의 수	구멍이 **2**개인 단추	구멍이 **4**개인 단추
개수(개)		

(2) 단추 색깔에 따라 개수를 세어 보시오.

단추 색깔	빨간색	초록색	분홍색	하늘색
개수(개)				

(3) 구멍이 **2**개이면서 동그라미 모양은 몇 개입니까?

[답]

🌸 이름 :

🌸 날짜 :

🌸 시간 : 시 분 ~ 시 분

확인

4 1부터 10까지의 수들이 있습니다. 다음 물음에 답하시오.

1	2	3	9	8	7	5	2	1	7	5	3
2	5	7	1	3	1	5	6	7	10	5	
10	9	10	9	4	4	4	7	4	2	1	

(1) 다음 빈 곳에 알맞은 수를 써넣으시오.

수	1	2	3	4	5	6	7	8	9	10
개수(개)										

(2) 7보다 큰 수는 모두 몇 개입니까?

[식] _____   [답] _____

(3) 2보다 작은 수는 몇 개입니까?

[답] _____

(4) 5보다 1 큰 수는 몇 개입니까?

[답] _____

5 다음은 어느 해 7월의 달력입니다. 물음에 답하시오.

일	월	화	수	목	금	토
			1	2	3	4
5	6	7	8	9	10	11
12	13	14	15	16	17	18
19	20	21	22	23	24	25
26	27	28	29	30	31	

(1) 화요일인 날수는 몇 번입니까?

[답]

(2) 금요일인 날수는 몇 번입니까?

[답]

(3) 0부터 9까지의 숫자 중에서 가장 많이 쓰인 숫자는 무엇입니까?

[답]

(4) 숫자 3은 몇 번 쓰였습니까?

[답]

사고력도 탄탄! 창의력도 탄탄!

E3

E151a ~ E165b

학습 관리표

학습 내용		이번 주는?	
확인 학습	· 50까지의 수 ① · 50까지의 수 ② · 창의력 학습 · 경시 대회 예상 문제	• 학습 방법 : ① 매일매일　② 가끔　③ 한꺼번에 　　　　　　하였습니다. • 학습 태도 : ① 스스로 잘　② 시켜서 억지로 　　　　　　하였습니다. • 학습 흥미 : ① 재미있게　② 싫증내며 　　　　　　하였습니다. • 교재 내용 : ① 적합하다고　② 어렵다고　③ 쉽다고 　　　　　　하였습니다.		
지도 교사가 부모님께		**부모님이 지도 교사께**	
평가	Ⓐ 아주 잘함	Ⓑ 잘함	Ⓒ 보통　　Ⓓ 부족함

원(교)　　　　　반　　이름　　　　　전화

G 기탄교육
기초부터 탄탄하게
www.gitan.co.kr / (02)586-1007(대)

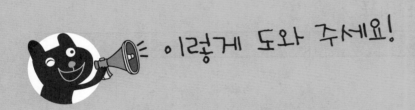
이렇게 도와 주세요!

● **학습 목표**
– 50까지의 수를 쓰고 읽을 수 있고, 수의 순서와 대소 관계를 알 수 있다.
– 한 가지 또는 두 가지 기준에 따라 자료를 수집하고, 이를 분류하여 세어 볼 수 있다.

● **지도 내용**
– 10개씩 묶음과 낱개를 세는 활동을 통하여 몇 십 몇을 읽고 써 보게 한다.
– 50까지 수의 순서를 알아보고, 1 작은 수, 1 큰 수, 사이의 수를 써 보고 두 수의
  크기를 비교해 보게 한다.
– 자료를 보고 한 가지 또는 두 가지 속성에 따라 분류해 보고 분류한 자료의 개수를
  세어 보게 한다.

● **지도 요점**
반구체물을 10개씩 묶음과 낱개로 나타내는 활동을 통하여 그 개수를 두 자리 수의
자연수로 나타내어서, 십진법의 자리잡기 원리를 이해하게 하여 50까지 수의 순서를
익힐 수 있도록 지도합니다.
사물이나 사람을 정해진 한 가지 또는 두 가지 기준으로 분류하는데 있어서, 소재는
아이들이 생활 주변에서 친근하게 느낄 수 있는 것을 활용하고, 그 특징은 분명하고
간단한 것으로 지도합니다.

✿ 이름 :

✿ 날짜 :

✿ 시간 : 시   분 ~   시   분

확인

◆ **몇 십 읽기**

수	10	20	30	40	50
읽기	십	이십	삼십	사십	오십
	열	스물	서른	마흔	쉰

1 다음 수를 읽어 보시오.

수	12	23	34	45
읽기	십이			
	열둘			

2 다음 ☐ 안에 알맞은 수를 써넣으시오.

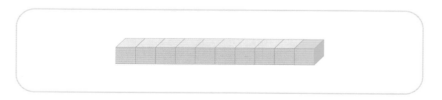

9보다 1 큰 수는 ☐ 입니다.

다음 수만큼 ☐ 안에 ◯를 그리시오.(3~5)

3

8

4

9

5

10

❀ 이름 :

❀ 날짜 :

❀ 시간 :　　시　　분 ~　　시　　분

확인

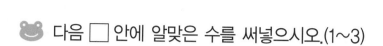

다음 ☐ 안에 알맞은 수를 써넣으시오.(1~3)

1

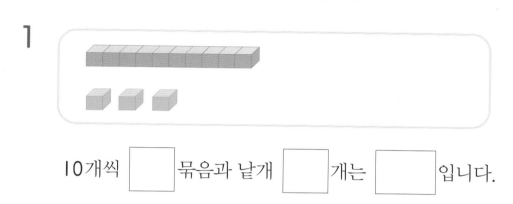

10개씩 ☐ 묶음과 낱개 ☐ 개는 ☐ 입니다.

2

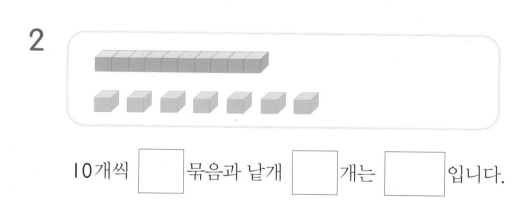

10개씩 ☐ 묶음과 낱개 ☐ 개는 ☐ 입니다.

3

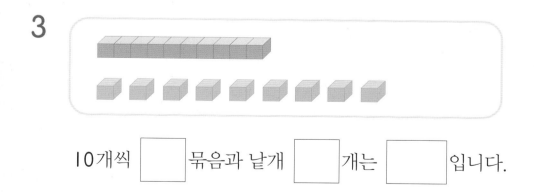

10개씩 ☐ 묶음과 낱개 ☐ 개는 ☐ 입니다.

👻 다음 빈 곳에 알맞은 수를 쓰고 읽어 보시오.(4~7)

4

| | 12 | 십이 | 열둘 |

5

6

7

✿ 이름 :

✿ 날짜 :

✿ 시간 :　　　시　　　분 ~ 　　시　　　분

확인

🐸 다음 그림을 보고 □ 안에 알맞은 수를 써넣으시오.(1~3)

1

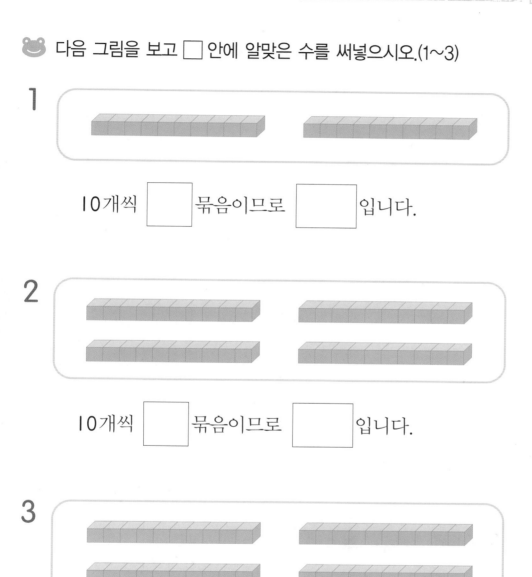

10개씩 ☐ 묶음이므로 ☐ 입니다.

2

10개씩 ☐ 묶음이므로 ☐ 입니다.

3

10개씩 ☐ 묶음이므로 ☐ 입니다.

사고력 학습

👻 다음 빈 곳에 알맞은 수를 쓰고 읽어 보시오.(4~8)

| 4 | | 10 | 십 | 열 |

| 5 | | | | |

| 6 | | | | |

| 7 | | | | |

| 8 | | | | |

✿ 이름 :

✿ 날짜 :

✿ 시간 :　　시　　분 ~ 　시　　분

확인

🐸 다음 ☐ 안에 알맞은 수를 써넣으시오.(1~4)

1

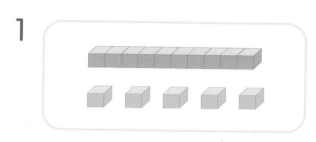

10개씩 ☐ 묶음과

낱개 ☐ 개는 ☐ 입니다.

2

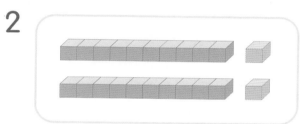

10개씩 ☐ 묶음과

낱개 ☐ 개는 ☐ 입니다.

3

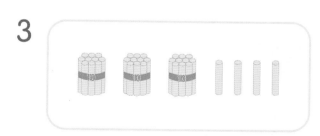

10개씩 ☐ 묶음과

낱개 ☐ 개는 ☐ 입니다.

4

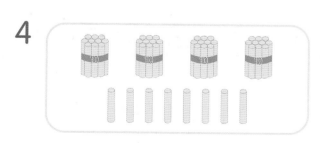

10개씩 ☐ 묶음과

낱개 ☐ 개는 ☐ 입니다.

사고력 학습

👻 다음 ☐ 안에 알맞은 수를 써넣으시오.(5~8)

5 26은 10개씩 ☐ 묶음과 낱개 ☐ 개입니다.

6 30은 10개씩 ☐ 묶음과 낱개 ☐ 개입니다.

7 49는 10개씩 ☐ 묶음과 낱개 ☐ 개입니다.

8 31은 10개씩 ☐ 묶음과 낱개 ☐ 개입니다.

👻 다음 빈 곳에 알맞은 수를 써넣으시오.(9~14)

9 30 ── ◯ ── 32

10 48 ── 49 ── ◯

11 27 ── ☐ ── 29 ── ☐

12 39 ── ☐ ── 41 ── ☐

13 ☐ ── 20 ── ☐ ── 22

14 44 ── ☐ ── ☐ ── 46 ── ☐

🚗 사고력 학습

❀ 이름 :

❀ 날짜 :

❀ 시간 :　　시　　분 ~　　시　　분

확인

🐸 다음 그림을 보고 □ 안에 알맞은 수를 써넣으시오.(1~2)

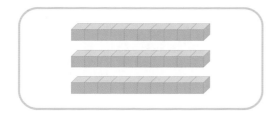 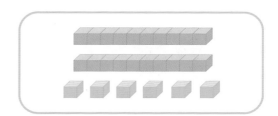

1 ⬜ 은 ⬜ 보다 큽니다.

2 ⬜ 은 ⬜ 보다 작습니다.

🐸 더 큰 수에 ◯표 하시오.(3~6)

3 [32 , 30]

4 [28 , 32]

5 [44 , 33]

6 [47 , 50]

🐸 가장 큰 수에 ◯표 하시오.(7~8)

7 [21 , 19 , 32]

8 [50 , 48 , 39]

사고력 학습

다음 ☐ 안에 알맞은 수를 써넣으시오.(9~10)

 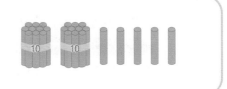

9 ☐ 은 ☐ 보다 큽니다.

10 ☐ 는 ☐ 보다 작습니다.

🔳 더 작은 수에 △표 하시오.(11~14)

11 [32 , 26]   12 [19 , 30]

13 [34 , 43]   14 [24 , 18]

🔳 가장 작은 수에 △표 하시오.(15~16)

15 [34, 44, 22]   16 [15, 21, 41]

사고력 학습

E-156a

♣ 이름 :

♣ 날짜 :

♣ 시간 :   시   분~   시   분

확인

🐸 다음 빈 곳에 알맞은 수를 써넣으시오.(1~4)

1

| 0 | 1 | 2 | | | 5 | 6 | | 8 | |

2

| | 21 | | 23 | 24 | | 26 | | 28 | 29 |

3

| | 31 | 32 | | 34 | 35 | | 37 | |

4

| | 42 | | 44 | 45 | | 47 | 48 | | |

🐸 다음 수를 모두 쓰시오.(5~6)

5 37보다 크고 41보다 작은 수 : [   ]

6 46보다 크고 50보다 작은 수 : [   ]

사고력 학습

👻 다음 빈 곳에 알맞은 수를 써넣으시오. (7~11)

7 | 10 | 15 | ☐ | 25 | 30 | ☐ |

8 | ☐ | 2 | 4 | ☐ | 8 | ☐ |

9 | ☐ | 10 | 20 | ☐ | 40 | ☐ |

10 | 50 | 49 | ☐ | ☐ | 46 | ☐ |

11 | 25 | ☐ | 15 | ☐ | 5 | ☐ |

사고력 학습

E-157a

1 운동장에서 학생들이 10명씩 팀을 만들었더니 4팀이 되고 남은 학생은 한 명도 없었습니다. 운동장에 있는 학생은 몇 명입니까?

[답]

2 한 봉지에 10개씩 들어 있는 사탕이 5봉지 있었습니다. 그중에서 언니가 한 봉지를 먹고, 동생이 5개를 먹었습니다. 사탕은 몇 봉지 몇 개가 남았습니까?

[답]

3 달걀이 10개씩 2줄 있습니다. 오늘 엄마가 시장에서 10개씩 2줄을 더 사 오셨습니다. 달걀은 모두 몇 개입니까?

[답]

4 상자 안에 귤이 7개 들어 있습니다. 이 상자 안에 귤을 몇 개 더 넣으면 10개가 됩니까?

[답] _____

5 봉지에는 마흔여섯 개의 사탕이 들어 있고, 필통에는 스물두 자루의 연필이 들어 있습니다. 봉지에 들어 있는 사탕과 필통에 들어 있는 연필을 수로 쓰시오.

[답] 사탕 : _____ , 연필 : _____

6 운동장에 청군과 백군이 모였습니다. 청군은 10명씩 4줄 있고, 백군은 10명씩 3줄과 8명이 있습니다. 청군과 백군은 각각 몇 명입니까?

[답] 청군 : _____ , 백군 : _____

✿ 이름 :

✿ 날짜 :

✿ 시간 :　시　분 ~　시　분

확인

🐸 운동장에 학생들이 12명 있습니다. 다음 물음에 답하시오.(1~4)

1 10명이 교실로 들어갔습니다. 운동장에 남은 학생은 몇 명입니까?

[답]

2 5명씩 짝을 지으면 짝을 짓지 못한 학생은 몇 명입니까?

[답]

3 2명씩 짝을 지으면 몇 모둠이 됩니까?

[답]

4 한 팀을 10명으로 하여 두 팀을 만들려면, 몇 명의 학생이 더 필요합니까?

[답]

👻 바구니에 달걀이 50개 있습니다. 다음 물음에 답하시오.(5~8)

5 달걀을 한 줄에 10개씩 놓았습니다. 달걀은 몇 줄입니까?

[답]

6 달걀 50개 중에서 10개씩 2줄을 팔았습니다. 남은 달걀은 10개씩 몇 줄입니까?

[답]

7 달걀 50개 중에서 10개씩 3줄을 팔았습니다. 남은 달걀은 몇 개입니까?

[답]

8 달걀 50개 중에서 10개씩 4줄과 낱개 5개를 팔았습니다. 남은 달걀은 몇 개입니까?

[답]

♠ 이름 :

♠ 날짜 :

♠ 시간 : 시 분 ~ 시 분

확인

🐸 다음은 어린이 20명이 좋아하는 색깔을 조사한 것입니다. 물음에 답하시오.
(1~4)

초록색	노란색	파란색	빨간색	하늘색
초록색	초록색	초록색	노란색	빨간색
빨간색	파란색	파란색	빨간색	노란색
초록색	파란색	초록색	하늘색	초록색

1 어린이들이 좋아하는 색깔의 종류를 모두 쓰시오.

[답]

2 가장 많은 어린이들이 좋아하는 색깔은 무엇입니까?

[답]

3 가장 적은 어린이들이 좋아하는 색깔은 무엇입니까?

[답]

4 파란색이 아닌 색을 좋아하는 어린이는 몇 명입니까?

[답]

사고력 학습

🗣 다음은 Ⅰ학년 Ⅰ반 어린이들이 희망하는 직업을 조사한 것입니다. 물음에 답하시오.(5~7)

과학자	과학자	선생님	운동선수	과학자	의사	운동선수	가수
운동선수	운동선수	의사	의사	화가	선생님	화가	과학자
의사	의사	선생님	과학자	의사	과학자	운동선수	과학자
과학자	선생님	운동선수	가수	의사	과학자	과학자	선생님
화가	가수	선생님	탤런트				

5 어린이들이 희망하는 직업의 종류를 모두 쓰시오.

[답]

6 Ⅰ학년 Ⅰ반 어린이는 몇 명입니까?

[답]

7 다음 빈 곳에 알맞은 수를 써넣으시오.

직업	과학자	선생님	운동선수	의사	가수	화가	탤런트
사람 수 (명)							

✿ 이름 :

✿ 날짜 :

✿ 시간 :　　시　　분 ~　　시　　분

🐸 다음은 책상 위에 있는 학용품을 조사한 것입니다. 물음에 답하시오.(1~3)

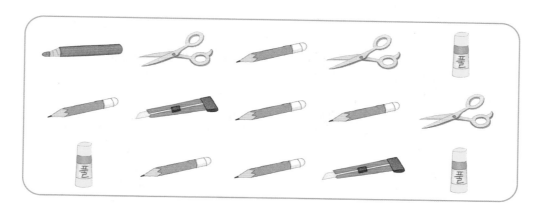

1 책상 위에 있는 학용품의 종류를 모두 쓰시오.

[답]

2 다음 빈 곳에 알맞은 수를 써넣으시오.

학용품	색연필	가 위	연 필	풀	칼
개수(개)					

3 가장 많은 학용품은 무엇입니까?

[답]

👻 다음은 12명의 어린이들이 좋아하는 장난감을 조사한 것입니다. 물음에 답하시오.(4~6)

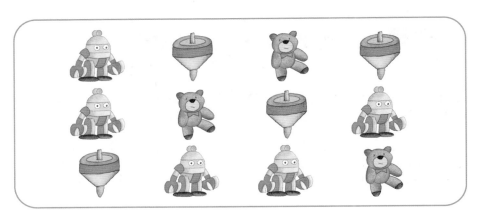

4 어린이들이 좋아하는 장난감의 종류를 모두 쓰시오.

[답]

5 다음 빈 곳에 알맞은 말이나 수를 써넣으시오.

장난감	로 봇		
개수(개)			3

6 가장 많은 어린이들이 좋아하는 장난감은 무엇입니까?

[답]

🐸 다음은 여러 가지 모양을 조사한 것입니다. 물음에 답하시오.(1~4)

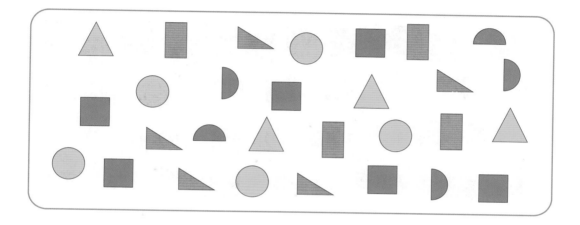

1 초록색은 몇 개입니까?

[답]

2 노란색은 어떤 모양들이 있습니까?

[답]

3 노란색이면서 세모 모양인 것은 몇 개입니까?

[답]

4 분홍색이면서 네모 모양인 것은 몇 개입니까?

[답]

👻 다음 여러 가지 숫자 카드를 보고 물음에 답하시오.(5~8)

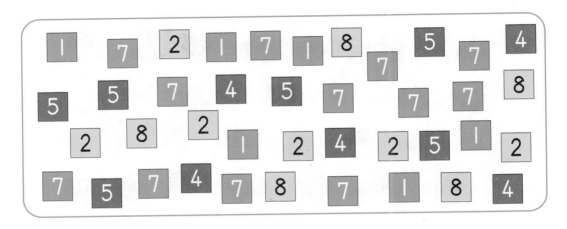

5 숫자의 종류는 몇 가지입니까?

[답]

6 색깔은 몇 가지입니까?

[답]

7 노란색이면서 5보다 큰 숫자 카드는 몇 개입니까?

[답]

8 가장 많은 색깔은 무엇입니까?

[답]

 사고력 학습

❦ 이름 :

❦ 날짜 :

❦ 시간 :　시　　분 ～ 　시　　분

확인

🐸 다음 그림을 보고 물음에 답하시오.(1~3)

1 다음 빈 곳에 알맞은 말이나 수를 써넣으시오.

과 일			포 도			
개수(개)	9					

2 개수가 가장 많은 과일은 무엇입니까?

[답]

3 크기가 가장 큰 과일은 무엇입니까?

[답]

사고력 학습

👻 다음은 어느 해 4월의 날씨를 조사한 것입니다. 물음에 답하시오.(4~5)

일	월	화	수	목	금	토
	1 ☀	2 ☀	3 ☁	4 ☁	5 ☂	6 ☀
7 ☀	8 ☁	9 ☂	10 ☂	11 ☀	12 ☁	13 ☀
14 ☀	15 ☁	16 ☀	17 ☀	18 ☀	19 ☁	20 ☂
21 ☂	22 ☁	23 ☀	24 ☁	25 ☁	26 ☁	27 ☀
28 ☁	29 ☀	30 ☀				

☀ 맑은 날, ☁ 흐린 날, ☂ 비 온 날

4 다음 빈 곳에 알맞은 날씨와 날수를 써넣으시오.

날 씨	맑은 날		
날수(일)			5

5 맑은 날은 흐린 날보다 며칠 더 많습니까?

[답]

E-163a

❀ 이름 :

❀ 날짜 :

❀ 시간 :   시   분 ~   시   분

확인

창의력 학습

다음 덧셈의 답을 찾아 ○표 하고, 답이 12이면 노란색, 13이면 파란색, 15이면 초록색, 16이면 빨간색, 17이면 분홍색, 19이면 보라색으로 예쁘게 집을 색칠하시오.

창의력 학습

동물원에 호랑이 7마리, 하마 8마리, 원숭이 6마리가 있습니다. 다음 물음에 답하시오.

(1) 호랑이, 하마, 원숭이 위에 각각 ○표 하시오.

(2) 위의 ○를 10개씩 묶어 보시오.

(3) 위의 ○는 10개씩 [ ] 묶음과 낱개 [ ] 개입니다.

(4) 모두 몇 마리입니까?

[답]

♧ 이름 :

♧ 날짜 :

♧ 시간 :　　시　　분 ~　　시　　분

확인

경시 대회 예상 문제

1 다음은 어린이들이 좋아하는 옷의 색깔을 조사한 것입니다. 물음에 답하시오.

은수(노랑)	보라(노랑)	연지(빨강)	철호(파랑)	범수(초록)
영주(파랑)	나리(초록)	근석(초록)	현우(파랑)	소라(파랑)
정희(초록)	이슬(파랑)	광호(파랑)	연실(초록)	병수(빨강)
재우(빨강)	미연(초록)	은희(빨강)	연경(노랑)	길호(초록)

(1) 다음 빈 곳에 알맞은 색깔이나 수를 써넣으시오.

색 깔		빨 강		
사람 수(명)	3			

(2) 많은 어린이들이 좋아하는 옷의 색깔부터 차례로 써 보시오.

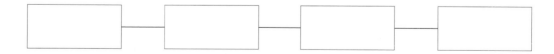

(3) 가장 많은 어린이들이 좋아하는 옷의 색깔은 무엇입니까?

[답]

2 앞 1번의 어린이들이 사는 동네에 있는 옷 가게에서는 어떤 색깔의 옷이 가장 많이 팔리겠습니까?

[답]

➡ 왜 그렇게 생각했습니까?

_____

_____

_____

3 앞 1번의 어린이들이 사는 동네에 있는 옷 가게에서는 어떤 색깔의 옷이 가장 적게 팔리겠습니까?

[답]

➡ 왜 그렇게 생각했습니까?

_____

_____

_____

♣ 이름 :

♣ 날짜 :

♣ 시간 : 시 분 ~ 시 분

4 다음은 어느 해 10월의 달력입니다. 물음에 답하시오.

일	월	화	수	목	금	토
			1	2	3	4
5	6	7	8	9	10	11
12	13	14	15	16	17	18
19	20	21	22	23	24	25
26	27	28	29	30	31	

(1) 다음 빈 곳에 알맞은 요일이나 날수를 써넣으시오.

요일	일	월					
날수(일)				5			

(2) 일요일인 날을 모두 써 보시오.

[답]

(3) 날수가 가장 많은 요일을 모두 쓰시오.

[답]

5 다음은 앞 4번의 달력을 보고 10월에 들어 있는 숫자의 개수를 조사한 것입니다. 빈 곳에 알맞은 수를 써넣고 물음에 답하시오.

숫자	0	1	2	3	4	5	6	7	8	9
개수(개)	3			5						

(1) 가장 많이 쓰인 숫자를 쓰시오.

[답]

(2) 둘째 번으로 많이 쓰인 숫자를 쓰시오.

[답]

(3) 숫자 2는 숫자 0보다 몇 개 더 많습니까?

[답]

사고력도 탄탄! 창의력도 탄탄!

E3

E166a ~ E180b

학습 관리표

학습 내용		이번 주는?
확인 학습	· 한 학기 동안 학습한 5까지의 수, 9까지의 수, 여러 가지 모양, 더하기와 빼기, 비교하기, 50까지의 수의 총정리 · 창의력 학습 · 경시 대회 예상 문제 · 종료 테스트	· 학습 방법 : ① 매일매일 ② 가끔 ③ 한꺼번에 　하였습니다. · 학습 태도 : ① 스스로 잘 ② 시켜서 억지로 　하였습니다. · 학습 흥미 : ① 재미있게 ② 싫증내며 　하였습니다. · 교재 내용 : ① 적합하다고 ② 어렵다고 ③ 쉽다고 　하였습니다.
지도 교사가 부모님께		**부모님이 지도 교사께**
평가	ⓐ 아주 잘함　　　ⓑ 잘함　　　ⓒ 보통　　　ⓓ 부족함	

원(교)　　　　반　　이름　　　　　　전화

기초부터 탄탄하게
G 기탄교육

www.gitan.co.kr / (02)586-1007(대)

이렇게 도와 주세요!

● **학습 목표**
– 50까지 수의 이해를 바탕으로 간단한 덧셈과 뺄셈을 익숙하게 할 수 있다.
– 입체도형의 모양에 대한 감각을 익힐 수 있다.
– 생활 주변의 여러 가지 물체나 무늬 등의 규칙적인 배열에서 그 규칙을 찾을 수 있다.
– 여러 가지 종류의 양의 크기를 비교할 수 있다.
– 사물을 간단한 기준에 따라 분류할 수 있다.

● **지도 내용**
– 9 이하의 수를 바탕으로 가르고 모으기를 통하여 덧셈과 뺄셈을 이해하게 하고, 50까
  지 수의 순서성 이해, 크기를 비교해 보게 한다.
– 기본적인 입체도형에 대한 감각을 익혀 보게 한다.
– 구체물의 길이, 들이, 무게, 넓이를 비교하여 말로 나타내어 보게 한다.
– 사물이나 사람을 미리 정한 한 가지 기준에 따라 분류하여 각각의 개수를 세어 보게
  한다.
– 생활 주변의 여러 가지 물체나 무늬 등의 규칙적인 배열에서 그 규칙을 찾아보게
  한다.

● **지도 요점**
일상생활에서 일어나고 관찰되는 여러 현상을 수학적으로 생각하는 활동을 통하여 수
학의 기초적인 개념, 즉 수와 연산, 도형, 측정, 확률과 통계, 규칙성과 문제 해결에 대
한 기초적인 개념, 원리, 법칙을 아이들이 찾아내어 이해하도록 지도합니다.
한 학기의 총정리 단계이므로 학습한 내용을 하나하나 되새겨 보는 주로 활용하도록
합니다

✿ 이름 :

✿ 날짜 :

✿ 시간 :   시   분 ~   시   분

확인

🐸 다음 그림을 보고 ☐ 안에 알맞은 수를 써넣으시오.(1~3)

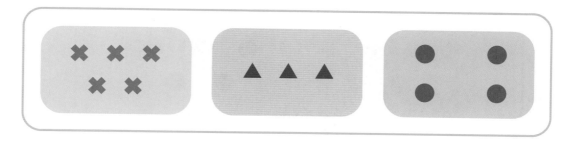

1 가장 작은 수는 ☐ 입니다.

2 가장 큰 수는 ☐ 입니다.

3 3보다 크고 5보다 작은 수는 ☐ 입니다.

🐸 다음 빈 곳에 알맞은 수를 써넣으시오.(4~7)

4

5

6 ☐ — 1 — ☐ — 3

7 ☐ — 4 — ☐ — 2

확인 학습

👻 다음 그림을 보고 알맞은 말에 ○표 하시오.(8~9)

8 3은 5보다 [작습니다, 큽니다].

9 5는 3보다 [작습니다, 큽니다].

👻 다음 수보다 **2** 큰 수를 쓰시오.(10~11)

10 2 —

11 0 —

👻 다음 수보다 **1** 작은 수를 쓰시오.(12~13)

12 — 5

13 — 1

 확인 학습

E-167a

✿ 이름 :

✿ 날짜 :

✿ 시간 : 시 분 ~ 시 분

확인

😊 다음 수 중에서 가장 큰 수에 ○표, 가장 작은 수에 △표 하시오.(1~2)

1 [3, 4, 5, 1]

2 [2, 0, 5, 3]

😊 다음 수를 보고 물음에 답하시오.(3~5)

3 2 0 1 5 4

3 큰 수부터 차례로 쓰시오.

[답]

4 작은 수부터 차례로 쓰시오.

[답]

5 2보다 크고 5보다 작은 수를 모두 쓰시오.

[답]

확인 학습

👻 다음 그림을 보고 물음에 답하시오.(6~8)

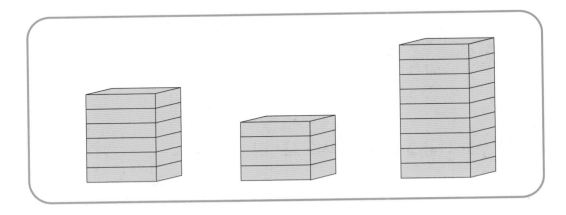

6 가장 큰 수는 [ ] 입니다.

7 가장 작은 수는 [ ] 입니다.

8 6은 4보다 크고 [ ] 보다 작은 수입니다.

👻 다음 수를 2가지 방법으로 읽어 보시오.(9~12)

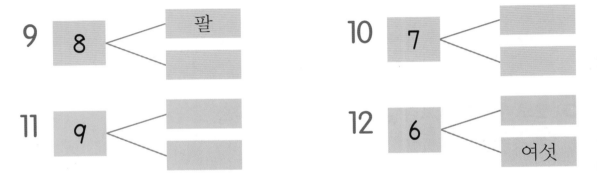

9 8 ── 팔
        ──────

10 7 ──────
        ──────

11 9 ──────
        ──────

12 6 ──────
        ── 여섯

☕ 확인 학습

✿ 이름 :

✿ 날짜 :

✿ 시간 :   시   분 ~   시   분

🐸 주어진 수보다 **2** 큰 수를 오른쪽에 쓰고, **1** 작은 수를 왼쪽에 쓰시오.(1~4)

1   [ ] — [5] — [ ]   2   [ ] — [7] — [ ]

3   [ ] — [1] — [ ]   4   [ ] — [4] — [ ]

🐸 다음은 어떤 수인지 알아보시오.(5~7)

5   6과 9 사이에 있고, 7보다 큰 수입니다.   ▶   (   )

6   3보다 크고 5보다 작은 수입니다.   ▶   (   )

7   5보다 크고 7보다 작은 수입니다.   ▶   (   )

8   껌을 언니는 9개 가지고 있고 동생은 언니보다 2개 더 적게 가지고 있습니다. 동생이 가지고 있는 껌은 몇 개입니까?

[식]   [답]

확인 학습

9 종이비행기를 형은 **9**개 접었고 동생은 **7**개 접었습니다. 형이 종이비행기 몇 개를 동생에게 주면 두 사람이 가지고 있는 종이비행기의 수가 똑같아집니까?

[답]

10 다음 중 작은 세모 모양의 수가 <u>다른</u> 하나는 어느 것입니까?

①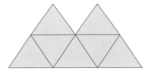

②

③

④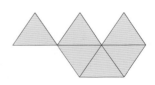

11 7보다 2 큰 수는 어떤 수입니까?

[식]   [답]

 확인 학습

♣이름 :

♣날짜 :

♣시간 :　　시　　분~　　시　　분

😊 다음 그림을 보고 물음에 기호로 답하시오.(1~4)

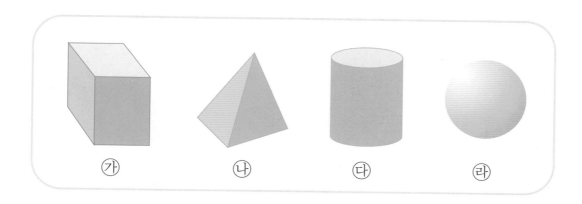

㉮　　　　　㉯　　　　　㉰　　　　　㉱

1 가장 잘 구르는 것은 어느 것입니까?

[답]

2 냉장고와 같은 모양은 어느 것입니까?

[답]

3 야구공과 같은 모양은 어느 것입니까?

[답]

4 분필과 같은 모양은 어느 것입니까?

[답]

확인 학습

규칙에 맞게 색칠하거나 알맞은 그림을 그려 넣으시오.(5~7)

5

6

7

다음 그림을 보고 물음에 답하시오.(8~9)

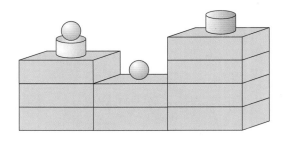

8 상자 모양은 몇 개입니까?   [답]

9 둥근기둥 모양은 몇 개입니까?   [답]

✿ 이름 :

✿ 날짜 :

✿ 시간 :　시　분~　시　분

확인

1 규칙에 맞게 □ 안에 알맞은 숫자를 써넣으시오.

5　3　8　□　5　3　8　2　5　□　8　2　□　3

2 주위에서 볼 수 있는 상자 모양을 3개만 쓰시오.

[답] _____

3 상자 모양과 둥근기둥 모양을 각각 1개씩 그리시오.

상자 모양

둥근기둥 모양

확인 학습

👻 다음 빈 곳에 알맞은 수를 써넣으시오.(4~7)

4
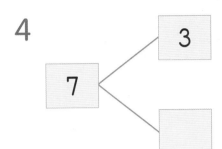

5

6
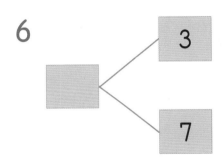

7
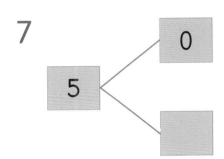

👻 다음 빈 곳에 알맞은 수를 써넣으시오.(8~9)

8

4	2

3	
8	

	2
9	

5	
10	

9

10	0		3		5	
		9		8		6

E-171a

✿ 이름 :

✿ 날짜 :

✿ 시간 :　　　시　　분~　　시　　분

확인

---

1 주사위 한 개를 두 번 던져서 나온 눈의 수의 합이 **9**가 되는 경우를 모두 쓰시오.

(　 , 　), (　 , 　)

(　 , 　), (　 , 　)

---

2 과일 바구니에 사과와 배가 모두 **8**개 들어 있습니다. 사과가 **3**개라면 배는 몇 개입니까?

[식]　　　　　　　　　　　　　　　[답]

---

3 사탕 **5**개를 형과 동생이 나누어 가졌습니다. 형이 동생보다 **1**개 더 많이 가졌다면 동생은 몇 개를 가졌습니까?

[답]

---

4 필통에 빨간 연필 **2**자루와 노란 연필 몇 자루가 들어 있습니다. 필통에 들어 있는 연필은 모두 **6**자루입니다. 노란 연필은 몇 자루입니까?

[식]　　　　　　　　　　　　　　　[답]

확인 학습

5 다슬이는 사탕 9개를 가지고 있습니다. 그중에서 몇 개를 먹으면 5개가 남습니까?

[식]   [답]

6 사탕 5개를 두 사람이 똑같이 나누어 가지면 한 사람이 2개씩 갖고 1개가 남습니다. 사탕 7개를 두 사람이 똑같이 나누어 가지면, 한 사람이 몇 개씩 갖고 1개가 남습니까?

[답]

7 어떤 두 수의 합은 5이고 차는 1입니다. 두 수 중 작은 수는 어떤 수입니까?

[답]

❀ 이름 :

❀ 날짜 :

❀ 시간 : 시   분 ~   시   분

확인

🐸 다음 ☐ 안에 알맞은 수를 써넣으시오.(1~4)

1 7 = 4 + (2 + ☐)

2 8 = 5 + (2 + ☐)

3 6 = ☐ + (2 + 2)

4 9 = ☐ + (2 + 2)

5 꽃밭에 나비가 6마리 있었습니다. 잠시 후에 2마리가 날아가고 1마리가 새로 날아왔습니다. 꽃밭에 있는 나비는 몇 마리입니까?

[식]   [답]

6 색종이 6장을 3사람이 똑같이 나누어 가지면, 한 사람이 몇 장씩 가지게 됩니까?

[답]

👻 다음 덧셈식을 보고 뺄셈식을 2개 만들어 보시오.(7~8)

7 4 + 5 = 9 ▶ [

8 3 + 4 = 7 ▶ [

9 다음 뺄셈식을 보고 덧셈식을 2개 만들어 보시오.

8 − 7 = 1 ▶ [

👻 두 수의 차가 2인 뺄셈식을 2개 만들어 보시오.(10~11)

10 ☐ − ☐ = ☐

11 ☐ − ☐ = ☐

🐸 다음 빈 곳에 알맞은 수를 써넣으시오.(1~2)

1

1	+1		+1		+2		+2	

2

9	-1		-1		-2		-2	

3 사탕이 3개 있습니다. 껌은 사탕보다 2개 더 많습니다. 사탕과 껌은 모두 몇 개입니까?

[식] 　　　　　　　　　　　　　　[답]

4 병아리가 6마리 있습니다. 강아지는 병아리보다 3마리 더 적습니다. 병아리와 강아지는 모두 몇 마리입니까?

[식] 　　　　　　　　　　　　　　[답]

확인 학습

5   오리가 4마리 있습니다. 오리의 다리 수는 모두 몇 개입니까?

[답]

6   강아지가 2마리 있습니다. 강아지의 다리 수는 모두 몇 개입니까?

[답]

7   주사위 한 개를 두 번 던져서 나올 수 있는 눈의 수의 합 중에서 가장 작은 경우는 얼마입니까?

[답]

8   어떤 두 수의 합은 9이고 차는 1입니다. 어떤 두 수를 각각 구하시오.

[답]

E-174a

✿ 이름 :

✿ 날짜 :

✿ 시간 :   시   분 ~   시   분

확인

1 위에 있는 수는 바로 아래에 있는 두 수의 합입니다. 빈 곳에 알맞은 수를 써넣으시오.

```
          | |
        5     □
      2     □     3
    0     □     |     2
```

🐸 다음 □ 안에 알맞은 수를 써넣으시오.(2~3)

2 (4 + □) + 2 = 9

3 (7 − □) + 4 = 9

🐸 다음 계산을 하시오.(4~7)

4 3+2+4 = □

5 9−4−2 = □

6 5+(4−2) = □

7 8−(3+1) = □

확인 학습

8 다음 중 가장 높은 쪽에 ○표, 가장 낮은 쪽에 △표 하시오.

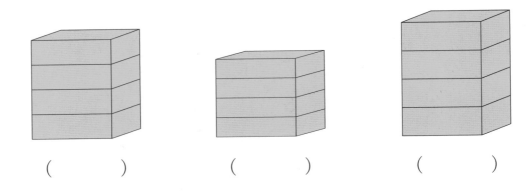

(   )   (   )   (   )

9 다음 중 가장 많이 들어 있는 쪽에 ○표, 가장 적게 들어 있는 쪽에 △표 하시오.

(   )   (   )   (   )

10 다음 중 더 긴 쪽에 ○표 하시오.

ㄱ   (   )

ㄴ   (   )

✿ 이름 :

✿ 날짜 :

✿ 시간 : 시 분 ~ 시 분

확인

1 다음 중 가장 넓은 쪽에 ○표, 가장 좁은 쪽에 △표 하시오.

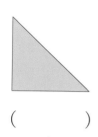

(   )   (   )   (   )

2 다음 그림에서 연필보다 더 굵은 것은 몇 개입니까?

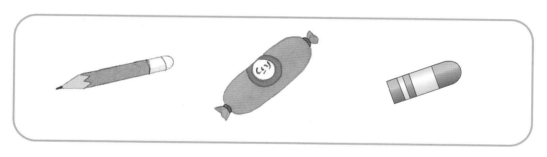

[답]

3 키가 큰 어린이부터 차례로 이름을 쓰시오.

보라는 연실이보다 더 크고, 새롬이는 보라보다 더 큽니다.

[   ] – [   ] – [   ]

확인 학습

👻 다음을 비교할 때 사용하는 말을 찾아 ◯표 하시오.(4~5)

4 몸무게 — 크다, 높다, 좁다, 가볍다

5 키 — 무겁다, 넓다, 작다, 두껍다

👻 다음을 비교할 때 사용하는 말을 쓰시오.(6~10)

6 책의 두께 _____ , _____

7 끈의 길이 _____ , _____

8 막대의 굵기 _____ , _____

9 땅의 넓이 _____ , _____

10 우유의 양 _____ , _____

확인 학습

♣ 이름 :

♣ 날짜 :

♣ 시간 :　　시　　분 ~ 　　시　　분

확인

🐸 다음 물음에 답하고, 답의 수를 두 가지로 읽어 보시오.(1~3)

1 한 봉지에 10개씩 들어 있는 사탕 2봉지와 낱개 16개가 있습니다. 사탕은 모두 몇 개입니까?

[답]　　　　　　　　　　　　[읽기]

2 색종이를 언니는 10장씩 2묶음을 가지고 있고, 동생은 10장씩 1묶음과 낱장 18장을 가지고 있습니다. 언니와 동생이 가지고 있는 색종이는 모두 몇 장입니까?

[답]　　　　　　　　　　　　[읽기]

3 한별이는 한 통에 10개씩 들어 있는 껌 2통과 낱개 12개를 가지고 있었습니다. 그중에서 21개를 친구들에게 나누어 주었습니다. 남은 껌은 몇 개입니까?

[답]　　　　　　　　　　　　[읽기]

확인 학습

👻 다음 수 중에서 가장 큰 수에 ◯표, 가장 작은 수에 △표 하시오.(4~5)

4   32, 28, 41   5   50, 38, 19

6   46과 50 사이에 있는 수를 모두 쓰시오.

[답]

👻 다음 수를 쓰고, 수를 두 가지로 읽어 보시오.(7~9)

7   40보다 1 작은 수 : (   ), 읽기 : (   )

8   48보다 2 큰 수 : (   ), 읽기 : (   )

9   41보다 3 작은 수 : (   ), 읽기 : (   )

♣ 이름 :

♣ 날짜 :

♣ 시간 :　시　분～　시　분

🐸 규칙에 맞게 □ 안에 알맞은 수를 써넣으시오.(1~2)

1 1,　3,　5,　□,　9,　□,　13,　15,　□,　19

2 0,　5,　10,　□,　20,　25,　□,　□,　40,　□

3 다음 수 중에서 **37**보다 큰 수에 모두 ○표 하시오.

19,　41,　35,　42,　28,　50

🐸 다음 빈 곳에 알맞은 수를 써넣으시오.(4~7)

4 19 — □ — 21

5 48 — 49 — □

6 29 — □ — □ — 32

7 49 — □ — □ — 46

확인 학습

8 다음 수 중에서 가장 큰 수와 가장 작은 수의 차는 얼마인지 구하고, 구한 수를 두 가지로 읽어 보시오.

| 6 | 36 | 16 | 46 |

[차]   [읽기]

9 상자에 들어 있는 귤을 꺼내어 한 봉지에 10개씩 담았더니 4봉지가 되었고, 5봉지째 담으려고 보니 3개가 모자랐습니다. 귤은 몇 개입니까?

[답]

10 다음은 은지네 모둠 어린이들이 좋아하는 놀이 시설을 조사한 것입니다. 미진이는 어떤 놀이 시설을 좋아합니까?

은지 (늑목)	보라 (정글짐)	예슬 (시소)	기호 (정글짐)	하늘 (정글짐)
미진 (?)	민호 (시소)	인수 (늑목)	경호 (늑목)	

놀이 시설	늑목	시소	정글짐
사람 수(명)	3	2	4

[답]

❀ 이름 :

❀ 날짜 :

❀ 시간 :   시   분 ~   시   분

확인

창의력 학습

윤희와 희연이가 과녁맞히기 놀이를 하였습니다. 과녁을 세 번씩 맞히었습니다. 과녁을 보고 물음에 답하시오.

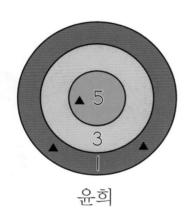

윤희

희연

(1) 윤희와 희연이의 점수는 각각 몇 점입니까?

윤희 (   ), 희연 (   )

(2) 누가 몇 점 차로 이겼습니까?

[답]

(3) 위 (2)에서 알아본 것을 식으로 써 보시오.

☐ － ☐ ＝ ☐

재미있는 놀이를 해 보시오.

◆ 준비물 : 숫자 카드(0~4) 2벌, 도화지 1장

◆ 놀이 방법

• 도화지에 다음과 같은 식을 크게 적어 둡니다.

□ + □ + □

• 각자가 가지고 있는 숫자 카드를 숫자가 보이지 않도록 책상 위에 엎어 놓습니다.

• 숫자 카드에서 3장을 골라 도화지의 식 위에 놓습니다.

• 숫자 카드를 확인하여 식에 맞게 계산합니다.

• 계산하여 답이 크게 나온 사람이 이깁니다.

◆ 예) 민재와 지수가 다음과 같이 숫자 카드를 골랐다면, 계산 결과 지수의 답이 더 크므로 지수가 이기게 됩니다.

민재 : 1 + 0 + 4 = 5

지수 : 4 + 2 + 3 = 9

✿ 이름 :

✿ 날짜 :

✿ 시간 :　시　분~　시　분

확인

✚ 경시 대회 예상 문제

1 다음은 어느 해 6월의 날씨를 조사한 것입니다. 물음에 답하시오.

일	월	화	수	목	금	토
					1 ☀	2 ☀
3 ☀	4 ☁	5 ☀	6 ☀	7 ☁	8 ☂	9 ☂
10 ☀	11 ☀	12 ☁	13 ☁	14 ☀	15 ☀	16 ☁
17 ☀	18 ☁	19 ☂	20 ☁	21 ☂	22 ☂	23 ☀
24 ☀	25 ☁	26 ☀	27 ☀	28 ☁	29 ☂	30 ☁

(1) 6월의 날씨의 종류를 그림으로 나타내시오.

[답]

(2) 다음 빈 곳에 알맞은 수를 써넣으시오.

날 씨	☀	☁	☂
날수(일)			

(3) 맑은 날이 가장 많은 요일은 무슨 요일입니까? (　　　　　　)

2 다음은 1학년 2반 어린이 32명이 좋아하는 과목을 조사한 것입니다. 물음에 답하시오.

과 목	국어	수학	바른 생활	슬기로운 생활	즐거운 생활
사람 수(명)	4	3	8	10	7

(1) 많은 어린이들이 좋아하는 과목부터 차례로 쓰시오.

[답]

(2) 가장 많은 어린이들이 좋아하는 과목은 무엇입니까?

[답]

(3) 가장 적은 어린이들이 좋아하는 과목은 무엇입니까?

[답]

(4) 국어와 수학을 좋아하는 어린이 수의 합과 바른 생활을 좋아하는 어린이 수의 차를 구하시오.

[식]   [답]

3 다음 그림을 보고 덧셈식을 **2**개 만들어 보시오.

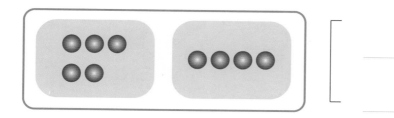

[　　　　　　　　　　　　　

[　　　　　　　　　　　　　

4 다음 빈 곳에 알맞은 수를 써넣으시오.

(1) 48 — ☐ — ☐ — 51

(2) 42 — ☐ — ☐ — 39

5 꽃밭에 나비가 **8**마리, 벌이 **7**마리 있습니다. 다음 물음에 답하시오.

(1) 잠시 후에 벌이 몇 마리 더 날아와서 벌은 **9**마리가 되었습니다. 더 날아온 벌은 몇 마리입니까?

[식]　　　　　　　　　　　　　　　　[답]

(2) 잠시 후에 나비가 몇 마리 날아가서 나비는 **5**마리가 되었습니다. 날아간 나비는 몇 마리입니까?

[식]　　　　　　　　　　　　　　　　[답]

6 다음 중 색칠한 넓이가 <u>다른</u> 하나는 어느 것입니까?

① 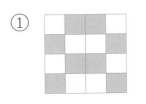 ② 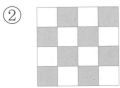 ③ 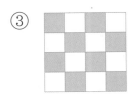 ④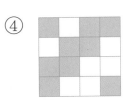

7 점 ㉮에서 선을 따라 가장 짧은 길로 갈 때, 가장 멀리 떨어진 점은 몇 번입니까?

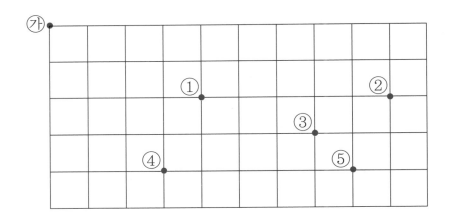

8 1부터 10까지의 수 중에서 6보다 큰 수를 모두 쓰시오.

[답]

1. 왼쪽의 수만큼 묶고 묶지 않은 것을 세어 오른쪽 빈 곳에 수를 쓰시오.

2. 공 모양에 ○표, 상자 모양에 ☐표, 둥근기둥 모양에 △표 하시오.

(　　　　　)　　　　(　　　　　)　　　　(　　　　　)

3. 다음 그림을 보고 ☐ 안에 알맞은 수를 써넣으시오.

(1) 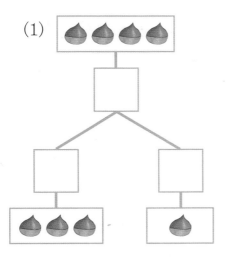　　　　(2)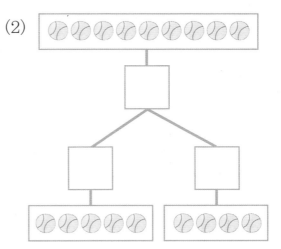

4. 다음 중 수 8의 가르기가 바르지 <u>못한</u> 것은 어느 것입니까?

①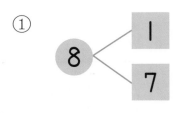

②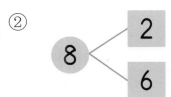

③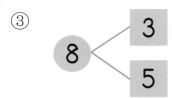

④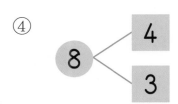

5. 다음 덧셈식을 보고 뺄셈식을 2개 만들어 보시오.

$$3 + 6 = 9 \Rightarrow$$

6. 다음 중 계산 결과가 가장 작은 것은 어느 것입니까?

① 3 + 5   ② 6 - 0   ③ 4 + 5

④ 8 - 4   ⑤ 9 - 7

7. 주머니 속에 사탕이 9개 있습니다. 그중에서 4개를 꺼내 먹었습니다. 사탕은 몇 개 남았습니까?

[식]   [답]

8. 다음 중 가장 많이 들어 있는 쪽에 ○표, 가장 적게 들어 있는 쪽에 △표 하시오.

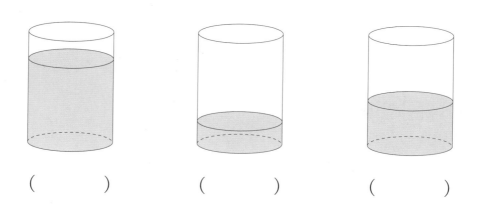

(   )   (   )   (   )

9. 관계있는 것끼리 선으로 이어 보시오.

10. 다음 그림을 보고 ☐ 안에 알맞은 수를 써넣으시오.

10개씩 ☐ 묶음과 낱개

☐ 개이므로 ☐ 입니다.

11. 다음을 수로 나타내어 보시오.

(1) 서른여섯 (　　　　　)　　　　　　　(2) 삼십삼 (　　　　　)

12. 다음 □ 안에 알맞은 수를 써넣으시오.

(1) 10개씩 ☐ 묶음과 낱개 ☐ 개는 26입니다.

(2) 10개씩 ☐ 묶음과 낱개 ☐ 개는 48입니다.

13. 다음 빈 곳에 알맞은 수를 써넣으시오.

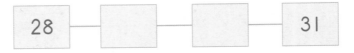

| 28 | | | 31 |

14. 다음 그림을 보고 □ 안에 알맞은 수를 써넣으시오.

☐ 은 ☐ 보다 작습니다.

15. 42보다 크고 46보다 작은 수를 모두 쓰시오.

[답]

🐸 인혁이네 반 어린이 20명이 좋아하는 음식을 조사하였습니다. 다음 그림을 보고 물음에 답하시오.(16~17)

16. 아이스크림을 좋아하는 어린이는 몇 명입니까?

[답]

17. 김밥을 좋아하는 어린이와 피자를 좋아하는 어린이의 차는 몇 명입니까?

[답]

18. 다음 그림을 보고 □ 안에 알맞은 수를 써넣으시오.

10개씩 [ ] 묶음과 낱개 [ ]개는 [ ] 입니다.

우리 반 어린이들이 좋아하는 과일을 조사하였습니다. 다음 그림을 보고 물음에 답하시오.(19~20)

19. 빨간색 과일을 좋아하는 어린이는 몇 명입니까?

[답]

20. 과일의 종류를 쓰고, 그 수를 세어 보시오.

과 일				
개수(개)		4		

121a
1. 1　　2. 2　　3. 3
4. 4　　5. 5　　6. 10
7. 9

121b
8. ○　9. ○○　10. ○○○
11. ○○○○○　12. △△
13. △△△△　14. △△△△
15. △△△△△

122a
1. 1　　2. 2　　3. 3
4. 4　　5. 5

122b
6. 11　　7. 12　　8. 13
9. 14　　10. 15　　11. 16
12. 17　　13. 18　　14. 19

123a
1. 1　　2. 2　　3. 3
4. 4　　5. 5

123b
6. 20　　7. 20　　8. 20
9. 20　　10. 20　　11. 20
12. 20　　13. 20　　14. 20

124a
1. 30　　2. 4, 40

124b
3. 10, 십, 열
4. 20, 이십, 스물
5. 30, 삼십, 서른
6. 40, 사십, 마흔
7. 50, 오십, 쉰

125a
1. 24, 이십사, 스물넷
2. 25, 이십오, 스물다섯
3. 27, 이십칠, 스물일곱

125b
4. 2, 8, 28, 이십팔, 스물여덟
5. 3, 4, 34, 삼십사, 서른넷
6. 4, 2, 42, 사십이, 마흔둘

126a
1. 14, 15, 18
2. 23, 25, 26, 29
3. 33, 36, 37, 39, 40
4. 43, 44, 47, 48, 50

126b
5. 28　　6. 40
7. 46　　8. 50
9. 20　　10. 30
11. 40　　12. 40, 42
13. 48, 50　　14. 40

127a
1. 23　　2. 31　　3. 34
4. 41　　5. 44　　6. 35
7. 30　　8. 50

127b
9. 이십칠, 스물일곱
10. 삼십육, 서른여섯
11. 사십오, 마흔다섯
12. 십사, 열넷
13. 이십삼, 스물셋
14. 삼십이, 서른둘
15. 사십일, 마흔하나
16. 오십, 쉰

128a 1. 14, 16 2. 23, 25
3. 43, 45 4. 28, 30
5. 39, 41 6. 48, 50

128b 7. 19 8. 29 9. 9
10. 39 11. 49 12. 23
13. 30 14. 44 15. 33
16. 40 17. 20 18. 19
19. 49

129a 1. 6 2. 3 3. 15
4. 18 5. 1 6. 1
7. 1, 1 8. 1, 9 9. 8
10. 7

129b 11. 10장 12. 7장
13. 3장 14. 3장
15. 17장 16. 십칠, 열일곱

130a 1. 45 2. 37 3. 44
4. 50 5. 2 6. 4
7. 3 8. 1 9. 0
10. 8

130b 11. 28개
풀이 10개씩 2묶음과 낱개 8개는 28입니다.
12. 4장
13. 36장

131a 1. 12, 13 2. 23, 26, 28

3. 37, 39, 40
4. 46, 47, 49, 50
5. 36 6. 44 7. 21 8. 19
9. 49 10. 50 11. 32 12. 22

131b 13. 25 14. 11
15. 36개
풀이 두 사람이 접은 종이학은 모두 10개씩 3묶음과 낱개 6개이므로 36개입니다.
16. 삼십육, 서른여섯
17. 33쪽

132a 1. 17 2. 30 3. 50
4. 31 5. 44 6. 41
7. 10 8. 12 9. 17
10. 30 11. 20 12. 11
13. 10, 11

132b 14. 예솔 15. 보람
16. 33자루
17. 22, 42 18. 15, 30

133a
창의력 학습
1 : 예) 기린의 목, 젓가락, 엿, …
3 : 예) 분수, 산, 갈매기, …
8 : 예) 눈사람, 안경, 땅콩, …

133b
창의력 학습

134a
경시 대회 예상 문제
1. (1) 30, 10 (2) 34, 44
(3) 44, 50
2. ③, ①, ②, ④ 3. 4줄

134b

경시 대회 예상 문제

4. 50

5. (1) 35개

풀이　낱개 25개는 10개씩 2묶음과 낱개 5개이므로 흰색 바둑돌은 모두 35개입니다.
(2) 32개
(3) 흰색 바둑돌이 3개 더 많습니다.

6. 20, 21, 22

풀이　10개씩 묶음의 수가 2이면서 낱개가 3보다 작은 수이므로 낱개가 0, 1, 2일 때입니다.

135a

경시 대회 예상 문제

7. (1) 서른, 서른하나
(2) 마흔, 마흔하나

8. (1) 30　(2) 42

9. (1) 26째

풀이　순서대로 수를 세면서 알맞은 답을 구합니다.
(2) 10째

135b

경시 대회 예상 문제

10. 50, 오십, 쉰　　11. 27장

12. 2묶음

풀이　38은 18보다 20이 크므로 20은 10개씩 2묶음입니다.

13. 2개

풀이　한 주머니에 10개씩 들어가므로 5개의 주머니에는 50개가 들어갑니다. 따라서 48개에서 50개를 채우려면 2개가 더 필요합니다.

136a

1. 11개　　　　　2. 9개
3. 6개　　　　　4. 11개

136b

5. 2개　　　　　6. 8개
7. 예) 동그라미 모양, 네모 모양
8. 4개

137a

1. 예) 세모 모양, 네모 모양, 동그라미 모양
2. 5개　　　　3. 예) 네모 모양
4. 예) 세모 모양

137b

5. 10개　　　　6. 4개
7. 4개　　　　8. 6개

138a

1. 4가지　2. 4가지　3. 1가지

138b

4. 봄, 여름, 가을, 겨울
5. 11명　　　　6. 7명
7. [식] 9-8=1　[답] 1명

139a

1. 수영, 테니스, 체조, 축구, 달리기, 농구, 야구, 배구
2. 축구　　　　3. 수영
4. [식] 5+4=9　[답] 9명

139b

5. 연필, 책, 색연필, 지우개, 가위, 컴퍼스
6. [식] 3+3=6　[답] 6개
7. 연필

140a

1. 젖소, 오리, 사슴, 말, 돼지, 타조, 토끼, 닭

2. (1) 젖소, 사슴, 말, 돼지, 토끼
(2) 오리, 타조, 닭

140b

3. 사슴, 토끼, 호랑이, 사자, 개, 코끼리
4. 4, 5, 10, 8, 5, 2
5. 호랑이

141a
1. 월요일　　　2. 일요일
3. 7, 4, 4, 6, 7, 5

141b
4. 맑은 날(☀), 흐린 날(☁),
   비 온 날(☂)
5. 4, 2, 1　　　6. 맑은 날(☀)

142a
1. 7가지　　2. 자전거, 오토바이
3. 3, 3, 3, 2, 2, 2, 2

142b
4. 축구공, 농구공, 볼링공,
   아령, 야구방망이
5. 풍선, 야구방망이
6. 농구공, 볼링공　　　7. 7개

143a
1. 동규, 고은　　2. 2명
3. 유리　　　　4. 6명

143b
5. 4가지　　　6. 피자
7. 2, 4, 2, 1

144a
1. 이순신, 세종대왕, 에디슨,
   허준, 방정환
2. 에디슨　　　3. 세종대왕

144b
4. 과학자, 운동선수, 의사,
   선생님, 대통령, 화가,
   가수, 탤런트
5. 39명
6. 10, 5, 8, 6, 3, 3, 2, 2

145a
1. 당근, 고추, 무, 배추
2.

채소 이름	당근	고추	무	배추
개수(개)	5	6	3	1

3. 고추

145b
4. 김밥, 떡볶이, 떡, 통닭
5.

음식 이름	김밥	떡볶이	떡	통닭
사람 수(명)	5	3	2	2

6. 김밥

146a
1. 3가지　　　2. 4개
3. 4개　　　　4. 1개

146b
5. 4가지　　　6. 5가지
7. 4개　　　　8. 노란색

147a
1.

이름	병아리	사슴	참새	강아지	나비	토끼
수(마리)	4	6	3	4	2	4

2. 14마리　　　3. 사슴

147b
4. 4가지
5.

가족수종류	3명	4명	5명	6명
학생 수(명)	6	9	2	3

6. 4명

148a 생략

148b 생략

149a 경시 대회 예상 문제
1.

색 깔	초록	노랑	분홍	파랑	빨강
학생 수(명)	6	4	2	3	5

2. (1) 8명
   (2) [식] 9-1=8　　　[답] 8개

149b 경시 대회 예상 문제
3. (1) 17, 18
   (2) 9, 9, 9, 8
   (3) 8개

150a
경시 대회 예상 문제

4. (1) 5, 4, 3, 4, 5, 1, 5, 1, 3, 3
   (2) [식] 1+3+3=7   [답] 7개
   (3) 5개
   (4) 1개

150b
경시 대회 예상 문제

5. (1) 4번   (2) 5번
   (3) 1   (4) 5번

151a

1.
수	12	23	34	45
읽기	십이	이십삼	삼십사	사십오
	열둘	스물셋	서른넷	마흔다섯

2. 10

151b

3. ○○○○○ ○○○○
4. ○○○○○○ ○○○○
5. ○○○○○ ○○○○○

152a

1. 1, 3, 13   2. 1, 7, 17
3. 1, 9, 19

152b

4. 12, 십이, 열둘
5. 14, 십사, 열넷
6. 15, 십오, 열다섯
7. 17, 십칠, 열일곱

153a

1. 2, 20   2. 4, 40
3. 5, 50

153b

4. 10, 십, 열
5. 20, 이십, 스물

6. 30, 삼십, 서른
7. 40, 사십, 마흔
8. 50, 오십, 쉰

154a

1. 1, 5, 15   2. 2, 2, 22
3. 3, 4, 34   4. 4, 8, 48

154b

5. 2, 6   6. 3, 0
7. 4, 9   8. 3, 1
9. 31   10. 50
11. 28, 30   12. 40, 42
13. 19, 21   14. 45, 47

155a

1. 30, 26   2. 26, 30
3. 32   4. 32
5. 44   6. 50
7. 32   8. 50

155b

9. 27, 25   10. 25, 27
11. 26   12. 19
13. 34   14. 18
15. 22   16. 15

156a

1. 3, 4, 7, 9
2. 20, 22, 25, 27
3. 29, 30, 33, 36, 38
4. 41, 43, 46, 49, 50
5. 38, 39, 40
6. 47, 48, 49

156b
7. 20, 35
8. 0, 6, 10
9. 0, 30, 50
10. 48, 47, 45
11. 20, 10, 0

157a
1. 40명
2. 3봉지 5개
[풀이] 10개씩 5봉지는 10개씩 4봉지와 낱개 10개와 같으므로 언니와 동생이 먹고 남은 사탕은 10개씩 3봉지와 낱개 5개입니다.
3. 40개
[풀이] 달걀은 10개씩 4줄이므로 모두 40개입니다.

157b
4. 3개
5. 46개, 22자루
6. 40명, 38명

158a
1. 2명
2. 2명
[풀이]

5명씩 짝을 지었으므로 ㉮팀 5명, ㉯팀 5명이 됩니다. 따라서 12명 중 짝을 짓지 못한 학생은 2명입니다.
3. 6모둠
[풀이] 12명을 2명씩 묶으면 6묶음이 됩니다. 따라서 6모둠이 됩니다.
4. 8명
[풀이] 10명씩 2팀이면 20명이고, 20은 12보다 8 큰 수이므로 8명의 학생이 더 필요합니다.

158b
5. 5줄
6. 3줄
7. 20개
8. 5개

159a
1. 초록색, 노란색, 파란색, 빨간색, 하늘색
2. 초록색
3. 하늘색
4. 16명

159b
5. 과학자, 선생님, 운동선수, 의사, 가수, 화가, 탤런트
6. 36명
7. 10, 6, 6, 7, 3, 3, 1

160a
1. 색연필, 가위, 연필, 풀, 칼
2. 1, 3, 6, 3, 2
3. 연필

160b
4. 로봇, 팽이, 곰 인형
5.

장난감	로봇	팽이	곰 인형
개수(개)	5	4	3

6. 로봇

161a
1. 11개
2. 예) 동그라미 모양, 세모 모양
3. 4개
4. 4개

161b
5. 6가지
6. 3가지
7. 5개
8. 초록색

162a
1.

과일	사과	귤	포도	참외	딸기	수박
개수(개)	9	4	5	4	1	3

2. 사과
3. 수박

162b 4.

날씨	맑은 날	흐린 날	비 온 날
날수(일)	14	11	5

5. 3일

163a
창의력
학습

풀이 10+3은 10개씩 1묶음과 낱 개 3개이므로 13입니다.

163b
창의력
학습

(1)

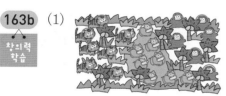

(2) 예)

(3) 2, 1   (4) 21마리

164a
경시 대회
예상 문제

1. (1)

색깔	노랑	빨강	파랑	초록
사람 수(명)	3	4	6	7

(2) 초록, 파랑, 빨강, 노랑
(3) 초록

164b
경시 대회
예상 문제

2. 초록
➡ 가장 많은 어린이들이 좋아 하는 옷의 색깔이 초록이기 때문에 초록색의 옷이 가장 많이 팔릴 것입니다.

3. 노랑
➡ 가장 적은 어린이들이 좋아 하는 옷의 색깔이 노랑이기 때문에 노란색의 옷이 가장 적게 팔릴 것입니다.

165a
경시 대회
예상 문제

4. (1)

요일	일	월	화	수	목	금	토
날수(일)	4	4	4	5	5	5	4

(2) 5일, 12일, 19일, 26일
(3) 수요일, 목요일, 금요일

165b
경시 대회
예상 문제

5.

숫자	0	1	2	3	4	5	6	7	8	9
개수(개)	3	14	13	5	3	3	3	3	3	3

(1) 1
(2) 2
(3) 10개

풀이 13은 3보다 10개씩 1묶음 더 많습니다.

166a 1. 3   2. 5   3. 4   4. 4
5. 5   6. 0, 2   7. 5, 3

166b 8. 작습니다   9. 큽니다
10. 4   11. 2   12. 4   13. 0

167a 1. [3, 4, ⑤ △]

2. [2, △, ⑤ 3]

3. 5, 4, 3, 2, 1, 0

4. 0, 1, 2, 3, 4, 5

5. 3, 4

167b 6. 9   7. 4   8. 9

9. 여덟   10. 칠, 일곱

11. 구, 아홉   12. 육

168a 1. 4, 7   2. 6, 9

3. 0, 3   4. 3, 6

5. 8   6. 4   7. 6

8. [식] 9-2=7   [답] 7개

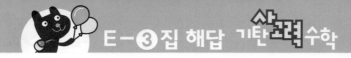

168b
9. 1개
[풀이] 형이 동생에게 1개를 주면 형과 동생은 8개로 똑같아집니다.
10. ④
11. [식] 7+2=9 [답] 9

169a
1. 라   2. 가
3. 라   4. 다

169b
5.   6.

7. ■, ●
8. 9개   9. 2개

170a
1. 2, 3, 5
2. 예) 냉장고, 지우개, 필통
3. 예)

,

170b
4. 4   5. 5   6. 10
7. 5   8. 6, 5, 7, 5
9.

10	0	1	3	2	5	4
	10	9	7	8	5	6

171a
1. (3, 6), (6, 3)
   (4, 5), (5, 4)
2. [식] 8-3=5 [답] 5개
3. 2개
[풀이] 합해서 5가 되는 경우는

형	0	1	2	3	4	5
동생	5	4	3	2	1	0

입니다. 형이 동생보다 1개 더 많이 가지려면, 형이 3개, 동생이 2개를 가져야 합니다.

4. [식] 6-2=4 [답] 4자루

171b
5. [식] 9-5=4 [답] 4개
6. 3개
[풀이] 7-1=6이므로, 사탕 6개를 둘로 똑같이 나누면 됩니다.
7. 2
[풀이] 합해서 5가 되는 경우는

작은 수	0	1	2
큰 수	5	4	3

입니다.
따라서 두 수의 차가 1이 되는 것은 2와 3입니다.

172a
1. 1   2. 1   3. 2   4. 5
5. [식] 6-2+1=5 [답] 5마리
6. 2장
[풀이] 6=2+2+2이므로 한 사람이 2장씩 가지게 됩니다.

172b
7. 9-5=4, 9-4=5
8. 7-4=3, 7-3=4
9. 1+7=8, 7+1=8
10~11. 풀이 참조
[풀이] 9-7=2, 8-6=2,
7-5=2, 6-4=2, 5-3=2,
4-2=2, 3-1=2, 2-0=2

173a
1. 2, 3, 5, 7   2. 8, 7, 5, 3
3. [식] 3+(3+2)=8 [답] 8개
4. [식] 6+(6-3)=9 [답] 9마리

173b
5. 8개
[풀이] 오리의 다리는 2개이므로 오리 4마리의 다리는 2+2+2+2=8(개)입니다.

6. 8개

풀이 강아지의 다리는 4개이므로, 강아지 2마리의 다리는 4+4=8(개)입니다.

7. 2

풀이 주사위를 던져서 나올 수 있는 가장 작은 눈의 수는 1입니다. 두 번 다 1이 나올 때 합이 가장 작게 됩니다. 따라서 합이 가장 작은 경우는 1+1=2입니다.

8. 4, 5

풀이 합해서 9가 되는 경우는

작은 수	0	1	2	3	4
큰 수	9	8	7	6	5

입니다. 따라서 두 수의 차가 1이 되는 것은 4와 5입니다.

174a

1.
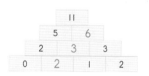

2. 3   3. 2   4. 9

5. 3   6. 7   7. 4

174b

8.
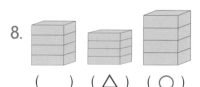
( ) (△) (○)

9.

(○) (△) ( )

10. ㉡

175a

1.
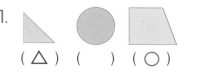
(△) ( ) (○)

2. 2개   3. 새롬-보라-연실

175b

4. 가볍다   5. 작다

6. 두껍다, 얇다   7. 길다, 짧다

8. 굵다, 가늘다   9. 넓다, 좁다

10. 많다, 적다

176a

1. [답] 36개
[읽기] 삼십육, 서른여섯

풀이 낱개 16개는 10개씩 1봉지와 낱개 6개이므로 모두 10개씩 3봉지와 낱개 6개입니다. 따라서 사탕은 모두 36개입니다.

2. [답] 48장
[읽기] 사십팔, 마흔여덟

풀이 낱장 18장은 10장씩 1묶음과 낱장 8장이므로 모두 10장씩 4묶음과 낱장 8장입니다. 따라서 색종이는 모두 48장입니다.

3. [답] 11개
[읽기] 십일, 열하나

풀이 낱개 12개는 10개씩 1통과 낱개 2개이므로 한별이가 가지고 있던 껌은 10개씩 3통과 낱개 2개입니다. 그중에서 10개씩 2통과 낱개 1개를 친구들에게 나누어 주었으므로, 남은 껌은 10개씩 1통과 낱개 1개입니다. 따라서 남은 껌은 11개입니다.

176b

4. 32, 28, 41

5. 50, 38, 19

6. 47, 48, 49

7. 39, 삼십구, 서른아홉

8. 50, 오십, 쉰

9. 38, 삼십팔, 서른여덟

177a

1. 7, 11, 17

2. 15, 30, 35, 45

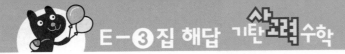
3. 41, 42, 50

4. 20   5. 50

6. 30, 31   7. 48, 47

177b

8. [차] 40
[읽기] 사십, 마흔

9. 47개

풀이 한 봉지에 10개씩 담으므로
5봉지는 50개입니다. 그런데 3개
가 모자라므로 귤은 50보다 3 작은
수인 47개입니다.

10. 정글짐

178a
창의력 학습

(1) 7점, 9점
(2) 희연이가 2점 차로 이겼습니다.
(3) 9-7=2

178b
창의력 학습

생략

179a
경시 대회 예상 문제

1. (1) ☀ , ☁ , ☂
(2) 14, 10, 6   (3) 일요일

179b
경시 대회 예상 문제

2. (1) 슬기로운 생활, 바른 생활,
즐거운 생활, 국어, 수학
(2) 슬기로운 생활
(3) 수학
(4) [식] 8-(4+3)=1   [답] 1명

180a
경시 대회 예상 문제

3. 5+4=9, 4+5=9

4. (1) 49, 50   (2) 41, 40

5. (1) [식] 9-7=2   [답] 2마리
(2) [식] 8-5=3   [답] 3마리

180b
경시 대회 예상 문제

6. ④   7. ⑤

8. 7, 8, 9, 10

종료 테스트

1.  , 3

2. (□) (△) (○)

3. (1) 4, 3, 1   (2) 9, 5, 4

4. ④

5. 9-6=3, 9-3=6

6. ⑤

7. [식] 9-4=5   [답] 5개

8. (○) (△) (   )

9. 30 ╳ 마흔
40 ╳ 서른

10. 3, 4, 34

11. (1) 36   (2) 33

12. (1) 2, 6   (2) 4, 8

13. 29, 30

14. 13, 21

15. 43, 44, 45

16. 6명

17. 1명

18. 1, 8, 18

19. 16명

20.
과일	바나나	포도	딸기	사과
개수(개)	3	4	5	11